高等学校电气工程与自动化专业系列教材

电力变流技术及应用

金亚玲 周璐 张妍 刘寅生 魏静敏 ◎ 编著

清華大學出版社

北京

内 容 简 介

电力变流技术又称为电力电子学或现代变流技术，它是利用电力电子器件对电能进行变换和控制的关于电源的控制技术。全书共8章，内容包括各种电力电子器件、整流电路、斩波电路、交流电力控制电路和交交变频电路、逆变电路、PWM控制技术、软开关技术等。

对于4种电能转换方式，除了具有基本的技术体系、理论分析之外，利用Multisim仿真得出多种电路变换结果，并且增加了读者能够接受的应用实例和工程应用背景的介绍，以增加教材的趣味性。

本书适合作为应用型本科院校和高职院校相关专业的教学用书或自学参考书，也可以作为相关技术人员的参考资料。

图书在版编目(CIP)数据

电力变流技术及应用/金亚玲等编著. —北京：清华大学出版社，2022.7
高等学校电气工程与自动化专业系列教材
ISBN 978-7-302-61041-0

Ⅰ. ①电… Ⅱ. ①金… Ⅲ. ①变流技术－高等学校－教材 Ⅳ. ①TM46

中国版本图书馆CIP数据核字(2022)第096450号

责任编辑：赵 凯
封面设计：刘 键
责任校对：胡伟民
责任印制：曹婉颖

出版发行：清华大学出版社
网 址：http://www.tup.com.cn，http://www.wqbook.com
地 址：北京清华大学学研大厦A座 **邮 编**：100084
社 总 机：010-83470000 **邮 购**：010-62786544
投稿与读者服务：010-62776969，c-service@tup.tsinghua.edu.cn
质量反馈：010-62772015，zhiliang@tup.tsinghua.edu.cn
课件下载：http://www.tup.com.cn，010-83470236
印 装 者：大厂回族自治县彩虹印刷有限公司
经 销：全国新华书店
开 本：185mm×260mm **印 张**：11.75 **字 数**：297千字
版 次：2022年7月第1版 **印 次**：2022年7月第1次印刷
印 数：1～1500
定 价：59.00元

产品编号：095950-01

前 言

电力变流技术及应用又称为电力电子学或现代变流技术，它是利用电力电子器件对电能进行变换和控制的一门关于电源的控制技术，包括对电压、电流、频率和相位的变换。电力电子技术由三部分内容组成，即电力电子器件、电力电子电路、电力电子系统及其控制。本课程着重学习电能变换电路的基本工作原理，是自动化、电气工程及其自动化专业的一门重要专业基础课。

针对以应用为主的应用型院校的学生而言，烦琐的理论推导非但不能提升他们的学习热情，反而会让他们觉得枯燥、无味，与实际生活不能紧密连接，不够实用。为此，本教材以“实用、够用、会用”为编写原则，具备的特点有：(1)器件方面重点介绍全控器件的工作方式，尤其是具体的应用方面；(2)介绍了 Multisim 仿真软件的使用；(3)突出物理概念和工程背景，减少了冗繁的定理、性质、公式的数学推导，使用仿真软件得出各种电路变换的结果；(4)增加了读者能够接受的应用实例和工程应用背景的介绍，以提高教材的趣味性。

全书共 8 章，第 1 章介绍用电力电子器件实现能量转换的基本物理，学科的发展、现状和前景。第 2 章按照电力电子器件的分类——不可控型器件、半控型器件、全控型器件，介绍常用电力电子器件的应用特性和使用过程中的共性技术。第 3 章至第 6 章按变换形式分类，依次介绍整流电路、逆变电路、斩波电路、交流-交流变流电路的拓扑电路和控制方法，各章均配有对应的仿真电路和使用实例及一定数量的思考题。第 7 章和第 8 章介绍 PWM 控制技术、软开关技术等典型应用。

本书由沈阳工学院金亚玲和辽宁科技学院周璐共同负责全书的编撰工作，大连海洋大学张妍、沈阳工程学院魏静敏和辽宁理工大学刘寅生参与编写，其中第 1、2 章由魏静敏、金亚玲共同执笔，第 3、4、7、8 章由刘寅生、金亚玲、周璐共同执笔，第 5、6 章由张妍和金亚玲共同执笔，全书由金亚玲统稿定稿。

在本书的编写过程中得到了杨玥教授、王艳秋教授的大力支持和帮助，国网辽宁省电力有限公司抚顺供电公司的刘磊同志对本书的应用实例提出宝贵意见，在此一并表示衷心的感谢！

由于编者学识的局限，书中难免有疏漏和不妥之处，敬请广大读者批评指正。

编 者

2022 年 2 月

目　录

第1章　绪论 …… 1

1.1　本课程教学要求 …… 1
1.2　电力电子技术发展概况 …… 2
1.2.1　电力电子技术内涵 …… 2
1.2.2　电力电子器件的发展 …… 3
1.2.3　变流电路的发展 …… 5
1.2.4　控制技术的发展 …… 6
1.3　变流电路分类与功能 …… 7
1.4　电力电子技术应用 …… 8
1.4.1　电源 …… 8
1.4.2　电气传动 …… 12
1.4.3　电力系统 …… 13
本章小结 …… 14
习题 …… 15

第2章　电力电子器件 …… 16

2.1　电力电子器件概述 …… 16
2.1.1　电力电子器件的概念和特征 …… 16
2.1.2　应用电力电子器件的系统组成 …… 18
2.1.3　电力电子器件的分类 …… 18
2.2　不可控器件——电力二极管 …… 19
2.2.1　PN结与电力二极管的工作原理 …… 19
2.2.2　电力二极管的主要类型 …… 22
2.3　半控型器件——晶闸管 …… 23
2.3.1　晶闸管的结构与工作原理 …… 23
2.3.2　晶闸管的派生器件 …… 25
2.4　典型全控型器件 …… 27
2.4.1　门极可关断晶闸管 …… 27
2.4.2　电力晶体管 …… 28
2.4.3　电力场效应晶体管 …… 29
2.4.4　绝缘栅双极型晶体管 …… 31

2.5 其他新型电力电子器件 …… 32
2.5.1 MOS控制晶闸管 …… 32
2.5.2 静电感应晶体管 …… 33
2.5.3 静电感应晶闸管 …… 33
2.5.4 集成门极换流晶闸管 …… 34
2.5.5 功率模块与功率集成电路 …… 34
本章小结 …… 35
习题 …… 35

第3章 整流电路 …… 37

3.1 单相可控整流电路 …… 38
3.1.1 单相半波可控整流电路 …… 38
3.1.2 单相桥式全控整流电路 …… 43
3.1.3 单相全波可控整流电路 …… 48
3.1.4 单相桥式半控整流电路 …… 50
3.2 三相可控整流电路 …… 52
3.2.1 三相半波可控整流电路 …… 52
3.2.2 三相桥式全控整流电路 …… 56
知识拓展 …… 65
本章小结 …… 67
习题 …… 67

第4章 斩波电路 …… 71

4.1 降压斩波电路 …… 71
4.1.1 降压斩波电路原理分析 …… 71
4.1.2 降压斩波电路仿真分析 …… 74
4.2 升压斩波电路 …… 75
4.2.1 升压斩波电路原理分析 …… 75
4.2.2 升压斩波电路典型应用 …… 77
4.2.3 升压斩波电路仿真分析 …… 78
4.3 升降压斩波电路和Cuk斩波电路 …… 79
4.3.1 升降压斩波电路 …… 79
4.3.2 升降压斩波电路的仿真分析 …… 80

4.3.3 Cuk 斩波电路 …… 80
4.4 Sepic 斩波电路和 Zeta 斩波电路 …… 82
4.5 复合斩波电路 …… 83
4.5.1 电流可逆斩波电路 …… 83
4.5.2 桥式可逆斩波电路 …… 84
知识拓展 …… 85
本章小结 …… 87
习题 …… 88

第5章 交流电力控制电路和交交变频电路 …… 90

5.1 交流调压电路 …… 91
5.1.1 单相交流调压电路 …… 91
5.1.2 三相交流调压电路 …… 93
5.1.3 仿真电路 …… 97
5.2 其他交流电力控制电路 …… 97
5.3 交交变频电路 …… 98
知识拓展 …… 99
本章小结 …… 100
习题 …… 100

第6章 逆变电路 …… 102

6.1 换流方式 …… 103
6.1.1 逆变电路的基本工作原理 …… 103
6.1.2 换流方式分类 …… 104
6.2 电压型逆变电路 …… 105
6.2.1 单相电压型逆变电路 …… 106
6.2.2 三相电压型逆变电路 …… 110
6.3 电流型逆变电路 …… 113
6.4 有源逆变 …… 114
6.4.1 直流发电机-电动机系统电能的流转 …… 114
6.4.2 逆变产生的条件 …… 115
6.4.3 三相桥整流电路的有源逆变工作状态 …… 117

6.4.4 逆变失败与最小逆变角的限制 …… 118
知识拓展 …… 120
本章小结 …… 121
习题 …… 122

第7章 PWM控制技术 …… 124

7.1 PWM控制的基本原理 …… 125
7.2 PWM逆变电路及其控制方法 …… 127
7.2.1 计算法和调制法 …… 127
7.2.2 异步调制和同步调制 …… 133
7.2.3 规则采样法 …… 134
7.2.4 PWM逆变电路的谐波分析 …… 136
7.2.5 提高直流电压利用率和减少开关次数 …… 138
7.2.6 空间矢量PWM控制 …… 142
7.2.7 PWM逆变电路的多重化 …… 144
7.3 PWM跟踪控制技术 …… 145
7.3.1 滞环比较方式 …… 146
7.3.2 三角波比较方式 …… 148
7.4 PWM整流电路及其控制方法 …… 149
7.4.1 PWM整流电路的工作原理 …… 149
7.4.2 PWM整流电路的控制方法 …… 152
知识拓展 …… 155
本章小结 …… 156
习题 …… 156

第8章 软开关技术 …… 159

8.1 软开关的基本概念 …… 159
8.1.1 硬开关与软开关 …… 159
8.1.2 零电压开关与零电流开关 …… 161
8.2 软开关电路的分类 …… 162
8.3 典型的软开关电路 …… 165
8.3.1 零电压开关准谐振电路 …… 165

8.3.2 谐振直流环 …… 167
8.3.3 移相全桥型零电压开关 PWM 电路 …… 169
8.3.4 零电压转换 PWM 电路 …… 171
8.4 软开关技术新进展 …… 173
知识拓展 …… 174
本章小结 …… 174
习题 …… 175

参考文献 …… 176

第1章

绪　论

学习目标与重点

- 掌握电力电子技术概念；
- 重点掌握整流电路、斩波电路、逆变电路和交流电力控制电路等概念；
- 了解电力电子技术的应用。

关键术语

电力电子技术；变流技术；整流电路；斩波电路；逆变电路；交流电力控制电路

【应用导入】

电力电子技术在现代化国防中的特种供电电源、电力驱动、推进和控制领域中发挥了重要的作用，快中子堆、磁约束核聚变、激光、航空航天和航母等前沿技术领域中的核心部件和基础都是超大功率、高性能的变流器及其控制系统。

1.1　本课程教学要求

1. 本课程任务

本课程属于自动化、电气工程及其自动化、机械电子工程等本科专业的专业基础课，是一门理论与应用相结合的课程，具有很强的实践性。

本课程的目的和任务是使学生通过学习后，获得电力电子技术必要的基本理论、基本分析方法以及基本技能的培养和训练，为学习后续课程以及从事与电气工程及其自动化专业有关的技术工作和科学研究打下基础。

2. 本课程的基本要求

(1) 了解电力电子技术的应用范围和发展动向。

(2) 熟悉和掌握晶闸管、功率 MOSFET、IGBT 等电力电子器件的结构、工作原理、特性和使用方法。

(3) 熟练掌握单相、三相整流电路的基本原理、波形分析和各种负载对电路工作的影响，并能对上述电路进行设计计算。

(4) 熟练掌握无源逆变电路的工作原理、波形分析和参数计算。

(5) 掌握直流斩波器 DC-DC 变换电路。

(6) 掌握脉宽调制(PWM)技术的工作原理和控制特性,了解软开关技术的基本原理与控制方式。

(7) 掌握基本变流装置的调试实验方法,具有一定的研究和实际工作能力。

1.2 电力电子技术发展概况

1.2.1 电力电子技术内涵

根据 IEEE(美国电气和电子工程师协会)给出的电力电子技术的定义,电力电子技术是指有效地使用电力半导体器件、应用电路和设计理论以及分析开发工具,实现电能的高效能转换和控制的一门技术。电力电子技术是与电能处理相关的技术学科,将电子技术与控制技术应用到电力领域,通过电力电子器件组成各种电力变换电路,实现电能的转换与控制,或称为电力电子学。

电力电子技术是一门融合了电力技术、电子技术和控制技术的交叉学科,包括电力电子器件、电力电子电路(变流电路)和控制技术三个主要组成部分。其中,电力电子器件是电力电子技术的基础,变流电路是电力电子技术的核心,而控制技术是电力电子技术发展的纽带。电力电子技术的研究任务包括电力电子器件的应用、变流电路的基本原理、控制技术,以及电力电子装置的开发与应用等。

自从 1957 年第一只晶闸管问世以来,电力电子技术开始登上现代电气传动技术舞台,以此为基础开发的可控硅整流装置,是电气传动领域的一次革命,使电能的变换和控制从旋转变流机组和静止离子变流器进入由电力电子器件构成的变流器时代,这标志着电力电子技术的诞生。在随后的 60 余年里,电力电子技术在器件、变流电路、控制技术等方面都发生了日新月异的变化,在国际上,电力电子技术是竞争最激烈的高新技术领域。

无论是对改造传统工业(电力、机械、矿冶、交通、化工、轻纺等),还是对高新技术产业(航天、激光、通信、机器人等),现代电力电子技术都至关重要,它已迅速发展成为一门与现代控制理论、材料科学、电机工程、微电子技术等多学科互相渗透的综合性技术学科。电力电子技术的应用领域几乎涉及国民经济的各个工业部门,在太阳能、风能等清洁能源发电,直流输电、电力机车、城市轻轨交通、船舶推进、电机节能应用、交直流供电电源、电梯控制、机器人控制等领域,乃至社会日常生活等诸多方面的应用不断延伸,是21世纪重要关键技术之一。电力电子技术及其产业的进一步发展必将为大幅度节约电能、降低材料消耗以及提高生产效率提供重要的手段,并为现代化生产和现代化生活的发展进程带来深远的影响。

1.2.2　电力电子器件的发展

电力电子技术发展的基础是电力电子器件,也是电力电子技术发展的动力。自从1957年美国通用电气(GE)公司发明了半导体开关器件——晶闸管以来,电力电子器件已经走过了60余年的概念更新、性能换代的发展历程。

1. 第一代电力电子器件

第一代电力电子器件以电力二极管和晶闸管为代表,具有体积小、功耗低等优势。首先在大功率整流电路中迅速取代老式的汞弧整流器,取得了明显的节能效果,并奠定了现代电力电子技术的基础。

电力二极管又称硅整流管,产生于20世纪40年代,是电力电子器件中结构最简单、使用最广泛的一种器件。目前,硅整流管已形成普通整流管、快恢复整流管和肖特基整流管三种主要类型。普通整流管的特点是具有漏电流小、通态压降较高(10～18V)、反向恢复时间较长(几十微秒)、可获得很高的电压和电流定额等特点,所以较多用于牵引、充电、电镀等对转换速度要求不高的装置中。较快的反向恢复时间(几百纳秒至几微秒)是快恢复整流管的显著特点,但是它的通态压降却很高(16～40V),其主要用于斩波、逆变等电路中充当旁路二极管或阻塞二极管。肖特基整流管兼有快速的反向恢复时间(几乎为零)和低的通态压降(0.3～0.6V)的优点,不过其漏电流较大、耐压能力低,常用于高频低压仪表和开关电源。电力二极管对改善各种电力电子电路的性能、降低电路损耗和提高电源使用效率等方面都具有非常重要的作用。随着各种高性能电力电子器件的出现,开发具有良好高频性能的电力整流管显得非常必要。目前,人们已通过新颖结构的设计和大规模集成电路制作工艺的运用,研制出一些新型高压快恢复整流管。

晶闸管诞生后,其结构的改进和工艺的革新,为新器件的不断出现提供了条件。1964年,双向晶闸管在GE公司开发成功,应用于调光和电动机控制;1965年,小功率光触发晶闸管出现,为其后出现的光耦合器打下了基础;20世纪60年代后期,大功率逆变晶闸管问世,成为当时逆变电路的基本元件;1974年,逆导晶闸管和非对称晶闸管研制完成。经过工艺完善和应用开发，到 20 世纪 70 年代，晶闸管已经形成了从低压小电流到高压大电流的系列产品。

运用由普通晶闸管所构成的电路对电网进行控制和变换是一种简便而经济的办法。它广泛应用于交直流调速、调光、调温等低频（400Hz 以下）领域，但是由于这种装置的运行会产生波形畸变和降低功率因数，影响电网的质量。所以它目前的技术水平为 12 000V/1000A 和 6500V/4000A。

双向晶闸管是晶闸管的一种，可视为一对反并联的普通晶闸管的集成，常用于交流调压电路和调功电路中。正、负脉冲都可触发导通，因而其控制电路比较简单。其缺点是换向能力差、触发灵敏度低、关断时间较长，其水平已超过 2000V/500A。

由晶闸管及其派生器件构成的各种电力电子系统，在工业应用中主要解决了传统的电能变换装置中所存在的能耗大和装置笨重等问题，因而大大提高电能的利用率，同时也使工业噪声得到一定程度的控制。

2. 第二代电力电子器件

第二代电力电子器件，超大功率、高频全控器件，优秀于第一代的小功率、半控型、低频器件。由于全控型器件可以控制开通和关断，大大提高了开关控制的灵活性。自 20 世纪 70 年代中期起，电力晶体管（GTR）、可关断晶闸管（GTO）、电力场控晶体管（功率 MOSFET）、静电感应晶体管（SIT）、MOS 控制晶闸管（MCT）、绝缘栅双极晶体管（IGBT）等通断两态双可控器件相继问世，电力电子器件日趋成熟。一般将这类具有自关断能力的器件称为第二代电力电子器件。全控型器件的开关速度普遍高于晶闸管，可用于开关频率较高的电路。

3. 第三代电力电子器件

进入 20 世纪 90 年代以后，电力电子器件的研究和开发已进入高频化、标准模块化、集成化和智能化时代。电力电子器件的高频化是今后电力电子技术创新的主导方向，而硬件结构的标准模块化是电力电子器件发展的必然趋势。功率集成电路（PIC）是指将高压功率器件与信号处理系统及外围接口电路、保护电路、检测诊断电路等集成在同一芯片的集成电路，一般将其分为智能功率集成电路（SPIC）和高压集成电路（HVIC）两类。但随着 PIC 的不断发展，SPIC 与 HVIC 在工作电压和器件结构上（垂直或横向）都难以严格区分，已习惯于将它们统称为智能功率集成电路或功率 IC。SPIC 是机电一体化的关键接口电路，是 Soc 的核心技术，它将信息采集、处理与功率控制合一，是引发第二次电子革命的关键技术。

以SPIC、HVIC等功率集成电路为代表的发展阶段，使电力电子技术与微电子技术更紧密地结合在了一起，是将全控型电力电子器件与驱动电路、控制电路、传感电路、保护电路、逻辑电路等集成在一起的高度智能化的功率集成电路。它实现了器件与电路的集成，强电与弱电、功率流与信息流的集成，成为机和电之间的智能化接口，是机电一体化的基础单元。SPIC的发展将会使电力电子技术实现第二次革命，进入全新的智能化时代。

1.2.3 变流电路的发展

电力电子技术的发展先后经历了整流器时代、逆变器时代和变频器时代，并促进了电力电子技术在许多新领域的应用。20世纪80年代末期到90年代初期发展起来的、以功率MOSFET和IGBT为代表的、集高频高压和大电流于一身的功率半导体复合器件表明传统电力电子技术已经进入现代电力电子时代。

1. 整流器时代

大功率的工业用电由工频(50Hz)交流发电机提供，但是大约20%的电能是以直流形式消费，其中最典型的是电解(有色金属和化工原料需要直流电解)、牵引(电气机车、电传动的内燃机车、地铁机车、城市无轨电车等)和直流传动(轧钢、造纸等)三大领域。大功率硅整流器能够高效率地把工频交流电转变为直流电，因此在20世纪60年代到70年代，大功率硅整流管和晶闸管的开发与应用得到很大发展。当时国内曾经掀起了一股争办硅整流器厂的热潮，目前国内大大小小的硅整流器半导体厂家就是那个年代的产物。

2. 逆变器时代

20世纪70年代出现了世界范围的能源危机，交流电动机变频调速因节能效果显著而迅速发展。变频调速的关键技术是将直流电逆变为0～100Hz的交流电。20世纪70年代到80年代，随着变频调速装置的普及，大功率逆变用的晶闸管、巨型功率晶体管和门极可关断晶闸管成为当时电力电子器件的主角。类似的应用还包括高压直流输出，静止式无功功率动态补偿等。这时的电力电子技术已经能够实现整流和逆变，但工作频率较低，仅局限在中低频范围内。

3. 变频器时代

20 世纪 80 年代以后,大规模和超大规模集成电路技术的迅猛发展,为现代电力电子技术的发展奠定了基础。将集成电路技术的精细加工技术和高压大电流技术有机结合,出现了一批全新的全控型功率器件。首先是功率 MOSFET 的问世,导致了中小功率电源向高频化发展,而后绝缘栅双极晶体管(IGBT)的出现,又为大中型功率电源向高频发展带来机遇。MOSFET 和 IGBT 的相继问世,是传统的电力电子向现代电力电子转化的标志。新型器件的发展不仅为交流电机变频调速提供了较高的频率,使其性能更加完善可靠,而且使现代电力电子技术不断向高频化发展,为用电设备的高效节材节能、实现小型轻量化、机电一体化和智能化提供了重要的技术基础。

1.2.4 控制技术的发展

电力电子器件经历了工频、低频、中频到高频的发展历程,与此相对应,电力电子电路的控制也从最初以相位控制为手段的由分立元件组成的控制电路发展到集成控制器,再到如今的旨在实现高频开关的计算机控制,并向着更高频率、更低损耗和全数字化的方向发展。模拟控制电路存在控制精度低、动态响应慢、参数整定不方便,以及温度漂移严重、容易老化等缺点。专用模拟集成控制芯片的出现大大简化了电力电子电路的控制线路,提高了控制信号的开关频率,只需外接若干阻容元件即可直接构成具有校正环节的模拟调节器,提高了电路的可靠性。但是,也正是由于阻容元件的存在,模拟控制电路的固有缺陷,如元件参数的精度和一致性、元件老化等问题仍然存在。此外,模拟集成控制芯片还存在功耗较大、集成度低、控制不够灵活、通用性不强等问题。

用数字化控制代替模拟控制,可以消除温度漂移等常规模拟调节器难以克服的缺点,有利于参数整定和变参数调节,便于通过程序软件的改变方便地调整控制方案和实现多种新型控制策略,同时可减少元器件的数目、简化硬件结构,从而提高系统的可靠性。此外,还可以实现运行数据的自动储存和故障自我诊断,有助于实现电力电子装置运行的智能化。

近年来,许多应用场合对电力电子电路的动态性能与稳态精度提出了更高的要求,在这种情况下,各种自动控制技术和现代控制理论日益渗透到功率变换电路,控制技术得到进一步发展。

综上所述，电力电子技术的发展是从低频技术处理问题为主的传统电力电子技术向以高频技术处理问题为主的现代电力电子技术方向发展。

利用20世纪50年代发展起来的晶闸管及其派生器件为基础所形成的电力电子技术，可称为传统电力电子技术。这一发展时期，电力电子器件以半控型晶闸管为主，变流电路一般为相控型，控制技术多采用模拟控制方式。由半控型器件组成的电力电子装置或系统，在消除电网侧的电流谐波、改善电网侧的功率因数、逆变器输出波形控制、减少环境噪声污染、进一步提高电能的利用率、降低原材料消耗以及提高系统的动态性能等方面都遇到了困难。

20世纪80年代以后，以IGBT为代表的集高频、高压和大电流于一体的功率半导体复合器件得到迅速发展与应用，改变了人们长期以来用低频技术处理电力电子技术问题的习惯，电力电子技术进入现代电力电子技术时代。这一时期，电力电子器件以全控型器件为主，变流电路采用脉宽调制型，控制技术采用PWM数字控制技术。目前，电力电子技术作为节能、环保、自动化、智能化、机电一体化的基础，正朝着应用技术高频化、硬件结构模块化、产品性能绿色化的方向发展。

1.3　变流电路分类与功能

变流电路的基本功能是实现电能形式的转换。其基本形式有四种：整流电路、逆变电路、调压电路和斩波电路，如表1.1所示。

表1.1　电力变换的种类

输　出	输　　入	
	交　　流	直　　流
直流	整流	直流斩波
交流	交流电力控制；变频、变相	逆变

将交流电能转换为直流电能的电路，称为整流电路。由电力二极管可组成不可控整流电路，用晶闸管或其他全控型器件可组成可控整流电路。

相较于以往的使用最方便的整流电路——晶闸管相控整流电路——的电网侧功率因数低、谐波严重等缺点，由全控型器件组成的PWM整流电路具有高功率因数等优点，因此近年来得到进一步发展与推广，应用前景广泛。

将直流电能转换为交流电能的电路，称为逆变电路。逆变电路不但能使直流变成可调的交流，而且可输出连续可调的工作频率。

将一种直流电能转换成另一固定电压或可调电压的直流电的电路,称为斩波电路或 DC-DC 变换电路。斩波电路大都采用 PWM 控制技术。

将固定大小和频率的交流电能转换为大小和频率可调的交流电能的电路,称为调压电路或交流变换电路。交流变换电路可分为交流调压电路和交流-交流(交-交)变频电路。交流调压电路在维持电能频率不变的情况下改变输出电压幅值。交-交变频电路亦称周波变换器,它把电网频率的交流电直接变换成不同频率的交流电。

1.4 电力电子技术应用

电力电子技术作为一门新兴的高技术学科,已被广泛地应用于高品质交直流电源、电力系统、变频调速、新能源发电及各种工业与民用电器等领域,成为现代高科技领域的支撑技术。

1.4.1 电源

1. 高效绿色电源

高速发展的计算机技术带领人类进入了信息社会,同时也促进了电源技术的迅速发展。20 世纪 80 年代,计算机全面采用了开关电源,率先完成计算机电源换代。接着开关电源技术相继进入了电子、电气设备领域。随着计算机技术的发展,提出了绿色计算机和绿色电源的要求。绿色计算机泛指对环境无害的个人计算机和相关产品,绿色电源是指与绿色计算机相关的高效省电电源,根据美国环境保护署 1992 年 6 月 17 日"能源之星"计划规定,桌上型个人计算机或相关的外围设备在睡眠状态下的耗电量若小于 30W,就符合绿色计算机的要求。提高电源效率是降低电源消耗的根本途径。

当前电源系统可以从提高电源系统能效、降低功耗和寻求更清洁、环保的绿色能源两个方面挖掘潜力。

首先,优化电源系统性能需要提升转换效率,它是提高能效、降低功耗的重要环节,其中,AC/DC 转换的效率既与原材料本身相关,也涉及设计复杂程度和设计技巧的问题;对于 DC/DC 转换器而言,开关损耗是决定其能效的关键因素之一。其次,应从电源架构入手,提高能效。绿色能源的出现,给电源的发展带来了新的契机。那些可替代能源，如燃料电池、太阳能（如图1.1所示）、风能（如图1.2所示）、水力、地热、潮汐等，已经被逐步应用，其中太阳能已经被广泛应用在卫星和家用热水器上。但是，绿色能源存在功率转换效率低下和成本高的问题。

图1.1 太阳能光伏板

图1.2 风力发电

2. 通信用高频开关电源

通信业的迅速发展极大地推动了通信电源的发展，高频小型化的开关电源及其技术已成为现代通信供电系统的主流。在通信领域中，通常将整流器称为一次电源，而将DC-DC变换器称为二次电源。一次电源的作用是将单相或三相交流电变换成标称值为48V的直流电源。目前在程控交换机用的一次电源中，传统的相控式稳压电源已被高频开关电源取代，高频开关电源通过MOSFET或IGBT的高频工作，开关频率一般控制在50～100kHz，实现高效率和小型化。近几年，开关整流器的功率容量不断扩大，单机容量已从48V/12.5A、48V/20A扩大到48V/200A、48V/400A。因通信设备中所用集成电路的种类繁多，其电源电压也各不相同，在通信供电系统中采用高功率密度的高频DC-DC隔离电源模块，从中间母线电压（一般为48V直流）变换成所需的各种直流电压，这样可大大减小损耗、方便维护，且安装非常方便。因通信容量的不断增加，通信电源容量也将不断增加。

通信电源（高频开关电源）是专为各种通信电子设备，如电子程控交换机（如图1.3所示）、微波设备、光纤通信设备等设计的高效率、高性能、高可靠的通信电源。通信电源（高频开关电源）采用国际最先进的PWM技术和最稳定可靠的电路拓扑结构，整机具有体积小、重量轻、效率高、工作温度范围宽、抗干扰能力强、电网适应力强、动态响应快、稳定度高、杂音纹波小、保护功能强等特点。

通信电源（高频开关电源）产品还应用于数控机床、数据处理等设备，亦可作为蓄电池的充放电设备，并自动对蓄电池进行保护，如图1.4所示。

图 1.3 程控交换机

图 1.4 高频开关电源

3. 斩波器

斩波器(DC-DC 变换器)被广泛应用于无轨电车、地铁列车、电动车的无级变速和控制中,使上述控制获得加速平稳、快速响应的性能,并同时达到节约电能的效果。斩波器不仅能起直流调压的作用(开关电源),同时还能起到有效地抑制电网侧谐波电流噪声的作用。通信电源的二次电源 DC-DC 变换器已商品化,模块采用高频 PWM 技术,开关频率在 500kHz 左右。随着大规模集成电路的发展,要求电源模块实现小型化,因此就要不断提高开关频率和采用新的电路拓扑结构,目前已有一些公司研制生产了采用零电流开关和零电压开关技术的二次电源模块,功率密度有较大幅度的提高。

2011 年以来,随着政府刺激内需政策效应的逐渐显现,以及国际经济形势的好转,斩波器下游行业进入新一轮景气周期,从而带来斩波器市场需求的膨胀,斩波器行业的销售回升明显,供求关系得到改善,行业盈利能力稳步提升。

4. 不间断电源

不间断电源(UPS)是计算机、通信系统,以及要求提供不能中断电能场合所必需的一种高可靠、高性能的电源,如图 1.5 所示。交流电输入经整流器变成直流,一部分能量给蓄电池组充电,另一部分能量经逆变器变成交流,经转换开关送到负载。为了在逆变器故障时仍能向负载提供能量,另一路备用电源通过电源转换开关来实现。

现代 UPS 普遍采用 PWM 技术和功率 MOSFET、IGBT 等现代电力电子器件,使电源噪声得以降低,而效率和可靠性得以提高。微处理器软/硬件技术的引入,可以实现对 UPS 的智能化管理,进行远程维护和远程诊断。

图 1.5　UPS 电源

5. 高频逆变式整流焊机电源

高频逆变式整流焊机电源是一种高性能、高效、省材的新型焊机电源，代表了当今焊机电源的发展方向。由于 IGBT 大容量模块的商用化，这种电源更有着广阔的应用前景。逆变焊机电源大都采用交流-直流-交流-直流（AC-DC-AC-DC）变换的方法。50Hz 交流电经全桥整流变成直流，IGBT 组成的 PWM 高频变换部分将直流电逆变成 20kHz 的高频矩形波，经高频变压器耦合，整流滤波后成为稳定的直流，供电弧使用，如图 1.6 所示。

图 1.6　气动式交直流点焊机

6. 大功率开关型高压直流电源

大功率开关型高压直流电源广泛应用于静电除尘、水质改良、医用 X 光机和 CT 机等大型设备，如图 1.7 所示。电压高达 50～159kV，电流达到 0.5A 以上，功率可达 100kW。静电除尘高压直流电源将市电经整流变为直流，采用全桥零电流开关串联谐振逆变电路将直流电压逆变为高频电压，然后由高频变压器升压，最后整流为直流高压。

图 1.7 高压直流电源

7. 分布式开关电源供电系统

分布式开关电源供电系统采用小功率模块和大规模控制集成电路做基本部件，利用最新理论和技术成果，组成积木式、智能化的大功率供电电源，从而使强电与弱电紧密结合，降低大功率元器件、大功率装置的研制压力，提高生产效率。

分布供电方式具有节能、可靠、高效、经济和维护方便等优点，已被大型计算机、通信设备、航空航天、工业控制等系统逐渐采纳，也是超高速型集成电路的低电压电源的最为理想的供电方式。在大功率场合，如电镀、电解电源、电力机车牵引电源、中频感应加热电源等领域也有广阔的应用前景。

1.4.2 电气传动

电力电子技术是电动机控制技术发展的最重要的物质基础，电力电子技术的迅猛发展促使电动机控制技术水平有了突破性的提高。利用整流器或斩波器获得可变的直流电源，对直流电动机电枢或励磁绕组供电，控制直流电动机的转速和转矩，可以实现直流电动机变速传动控制。利用逆变器或交-交直接变频器对交流电动机供电，改变逆变器或变频器输出的频率和电压、电流，即可经济、有效地控制交流电动机的转速和转矩，实现交流电动机的变速传动。

交流电动机的变频调速在电气传动系统中占据的地位日趋重要，已获得巨大的节能效果。变频器是实现交流变频调速的重要环节。变频器电源主电路均采用交流-直流-交流方案，工频电源通过整流器变成固定的直流电压，然后由大功率晶体管或

IGBT 组成的 PWM 高频变换器，将直流电压逆变成电压、频率可变的交流输出，电源输出波形近似于正弦波，用于驱动交流异步电动机实现无级调速。

1.4.3 电力系统

随着电力电子技术的发展，电力电子设备已开始进入电力系统并为解决电能质量控制提供了技术手段。近年来，国外提出了“用户电力技术”(Custom Power Technology)的概念，即使用电力电子技术提高供电可靠性和实现电能质量严格控制。目前，已经开发出用于配电网的电力电子装置，如固态高压开关(Solid-state Circuit Breaker)。与常规的机械开关相比，固态开关能在一个工频半波以内完成由故障供电线路向健全的供电线路的切换，这是一般机械开关无法比拟的。

大功率电力电子器件已经广泛应用于电力的一次系统。可控硅(晶闸管)用于高压直流输电已经有很长的历史。大功率电力电子器件近 10 年也将应用于灵活的交流输电、定质电力技术，以及新一代直流输电技术。新的大功率电力电子器件的研究开发和应用，将成为 21 世纪的电力研究前沿。电力系统完全的灵活调节控制将成为现实。

1. 灵活交流输电技术

灵活的交流输电系统是 20 世纪 80 年代后期出现的新技术，近年来在世界上发展迅速。灵活交流输电技术(FACTS)是指电力电子技术与现代控制技术结合以实现对电力系统电压、参数(如线路阻抗)、相位角、功率潮流的连续调节控制，从而大幅度提高输电线路输送能力和电力系统稳定水平，降低输电损耗。专家们预计这项技术在电力输送和分配方面将引起重大变革，对于充分利用现有电网资源和实现电能的高效利用，将会发挥重要作用。

2. 定制电力技术

定制电力技术(Custom Power Technology)又称“用户电力技术”，是应用现代电力电子技术和控制技术实现电能质量控制，为用户提供用户特定要求的电力供应的技术。

现代工业的发展对提高供电的可靠性、改善电能质量提出了越来越高的要求。在现代企业中，由于变频调速驱动器、机器人、自动生产线、精密的加工工具、可编程控制器、计算机信息系统的日益广泛使用，对电能质量的控制提出了日益严格的要求。这些设备对电源的波动和各种干扰十分敏感，任何供电质量的恶化可能会造成产品质量的下降，产生重大损失。重要用户为保证优质的不间断供电，往往自己采取措施，如安装不间断电源，但这并不是经济合理的解决办法。根本的出路在于供电部门能根据用户的需要，提供可靠和优质的电能供应。

3. 新型直流输电技术

直流输电显然已是成熟技术，但造价较高是其与交流输电竞争的不利因素。新一代的直流输电是指进一步改善性能、大幅度简化设备、减少换流站占地、降低造价的技术。直流输电性能创新的典型例子是轻型直流输电系统(Light HVDC)，它采用GTO、IGBT等可关断的器件组成换流器，省去了换流变压器，整个换流站可以搬迁，可以使中型的直流输电工程在较短的输送距离也具有竞争力，从而使中等容量的输电在较短的输送距离也能与交流输电竞争。

4. 同步开关技术

同步开关(Synchronized Switching)是在电压或电流的指定相位完成电路的断开或闭合。在理论上，应用同步开关技术可完全避免电力系统的操作过电压。这样，由操作过电压决定的电力设备绝缘水平可大幅度降低，因操作引起的设备(包括断路器本身)损坏也可大大减少。实现同步开关的根本出路在于用电子开关取代机械开关。

5. 电力有源滤波器

传统的电力电子电路在投运时，往往会向电网注入大量的谐波电流，引起谐波损耗和干扰，同时还出现装置网侧功率因数恶化的现象。电力有源滤波器是一种能够动态抑制谐波的新型电力电子装置，能克服传统滤波器的不足，具有很好的动态无功补偿和谐波抑制功能。

本章小结

电力电子技术将电子技术与控制技术应用到电力领域，通过电力电子器件组成各种电力变换电路，实现电能的转换与控制，或称为电力电子学。其中采用现代电力电子器件的电力变换则为现代变流技术。

电力电子技术在本专业中占有核心地位，变流电路的基本功能是实现电能形式的转换。其基本形式有四种：整流电路、逆变电路、调压电路和斩波电路。

习题

1. 什么是电力电子技术？它由哪几个部分组成？
2. 从发展过程来看，电力电子器件可分为哪几个阶段？简述各阶段的主要标志。
3. 电力电子技术的基础与核心分别是什么？
4. 变流电路的发展经历了哪几个时代？
5. 传统电力电子技术与现代电力电子技术各自的特征是什么？
6. 电力电子技术的发展方向是什么？
7. 变流电路有哪几种形式，各自功能是什么？
8. 简述电力电子技术的主要应用领域。

第2章

电力电子器件

学习目标与重点

- 掌握电力电子器件的分类；
- 重点掌握半控器件的工作原理；
- 重点掌握4种常用的全控器件的工作原理；
- 了解其他电力电子器件。

关键术语

半控器件；全控器件；不可控器件；压控型器件；流控型器件

【应用导入】 太阳能发电

太阳能发电又称为光伏发电，一般由光伏阵列、控制器、逆变器、蓄电池等部分组成。那么具体过程是如何实现的？所采用的器件是什么？

此发电过程的核心技术是电力电子技术，采用的器件也是电力电子器件。

2.1 电力电子器件概述

2.1.1 电力电子器件的概念和特征

在电气设备或电力系统中，直接承担电能的交换或控制任务的电路被称为主电路。电力电子器件是指可直接用于处理电能的主电路中，实现电能的变换或控制的电子器件。同我们在学习电子技术基础时广泛接触的处理信息的电子器件一样，广义上电力电子器件也分为电真空器件和半导体器件两类。但是，自20世纪50年代以来，除了在频率很高（如微波）的大功率高频电源中还在使用真空管外，基于半导体材料的电力电子器件已逐步取代了以前的汞弧整流器、闸流管等真空器件，成为电能变换和控制领域的绝对主力。因此，电力电子器件目前也往往指电力半导体器件。与普通半导体器件一样，目前电力半导体器件所采用的主要材料仍然是硅。

由于电力电子器件直接用于处理电能的主电路，因而同处理信息的电子器件相比，一般具有如下特征：

(1) 电力电子器件所能处理的电功率(也就是其承受电压和电流的能力,是其最重要的参数)小至毫瓦级,大至兆瓦级,一般都远大于处理信息的电子器件。

(2) 因为处理的电功率较大,所以为了减小本身的损耗,提高效率,电力电子器件一般都工作在开关状态。导通时(通态)阻抗很小,接近于短路,管压降接近于零,而电流由外电路决定;阻断时(断态)阻抗很大,接近于断路,电流几乎为零,而管子两端电压由外电路决定;就像普通晶体管的饱和与截止状态一样。因而,电力电子器件的动态特性(也就是开关特性)和参数,也是电力电子器件特性很重要的方面,有些时候甚至上升为第一位的重要问题。而在模拟电子电路中,电子器件一般都工作在线性放大状态;数字电子电路中的电子器件虽然一般也工作在开关状态,但其目的是利用开关状态表示不同的信息。正因为如此,也常常将一个电力电子器件或者外特性像一个开关的几个电力电子器件的组合称为电力电子开关,或称电力半导体开关。作电路分析时,为简单起见也往往用理想开关来代替。广义上讲,电力电子开关有时候也指由电力电子器件组成的、在电力系统中起开关作用的电气装置,这在第4章中将有适当的介绍。

(3) 在实际应用当中,电力电子器件往往需要由信息电子电路来控制。由于电力电子器件所处理的电功率较大,因此普通的信息电子电路信号一般不能直接控制电力电子器件的导通或关断,需要一定的中间电路对这些信号进行适当的放大,这就是所谓的电力电子器件的驱动电路。

(4) 尽管工作在开关状态,但是电力电子器件自身的功率损耗通常仍远大于信息电子器件,因而为了保证不至于因损耗散发的热量导致器件温度过高而损坏,不仅在器件封装上比较讲究散热设计,而且在其工作时一般都还需要安装散热器。这是因为电力电子器件在导通或者阻断状态下,并不是理想的短路或者断路,导通时器件上有一定的通态压降,阻断时器件上有微小的断态漏电流流过,尽管其数值都很小,但分别与数值较大的通态电流和断态电压相作用,就形成了电力电子器件的通态损耗和断态损耗;此外,在电力电子器件由断态转为通态(开通过程)或者由通态转为断态(关断过程)的转换过程中产生的损耗,分别称为开通损耗和关断损耗,总称开关损耗;对某些器件来讲,驱动电路向其注入的功率也是造成器件发热的原因之一。通常来讲,除一些特殊的器件外,电力电子器件的断态漏电流都极其微小,因而通态损耗是电力电子器件功率损耗的主要成因。当器件的开关频率较高时,开关损耗会随之增大而可能成为器件功率损耗的主要因素。

2.1.2 应用电力电子器件的系统组成

在实际应用中,电力电子器件一般是由控制电路、驱动电路和以电力电子器件为核心的主电路组成一个系统,如图 2.1 所示。由信息电子电路组成的控制电路按照系统的工作要求形成控制信号,通过驱动电路去控制主电路中电力电子器件的导通或者关断,来完成整个系统的功能。因此,从宏观的角度讲,电力电子电路也被称为电力电子系统。在有的电力电子系统中,需要检测主电路或者应用现场中的信号,再根据这些信号并按照系统的工作要求来形成控制信号,这就还需要有检测电路和驱动控制电路。主电路中的电压和电流一般都较大,而控制电路的元器件只能承受较小的电压和电流,因此在主电路和控制电路连接的路径上,如驱动电路与主电路的连接处,或者驱动电路与控制信号的连接处,以及主电路与检测电路的连接处,一般需要进行电气隔离,而通过其他手段(如光、磁等)来传递信号。此外,由于主电路中往往有电压和电流的过冲,而电力电子器件一般比主电路中普通的元器件要昂贵,但承受过电压和过电流的能力却要差一些,因此,在主电路和控制电路中需附加一些保护电路,以保证电力电子器件和整个电力电子系统正常可靠运行,也往往是非常必要的。

从图 2.1 中还可以看出,电力电子器件一般都有三个端子(或者称为极或管脚),其中两个端子是联结在主电路中的流通主电路电流的端子,而第三端被称为控制端(或控制极)。电力电子器件的导通或者关断是通过在其控制端和一个主电路端子之间施加一定的信号来控制的,这个主电路端子是驱动电路和主电路的公共端,一般是主电路电流流出电力电子器件的那个端子。

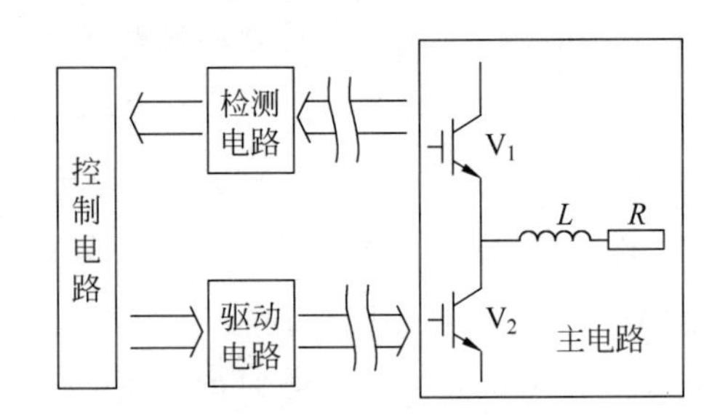

图 2.1 电力电子器件在实际应用中的系统组成

2.1.3 电力电子器件的分类

按照电力电子器件能够被控制电路信号所控制的程度,可以将电力电子器件分为以下 3 类：

(1) 通过控制信号可以控制其导通而不能控制其关断的电力电子器件称为半控型器件，这类器件主要是指晶闸管及其大部分派生器件，器件的关断完全是由其在主电路中承受的电压和电流决定的。

(2) 通过控制信号既可以控制其导通，又可以控制其关断的电力电子器件称为全控型器件，由于与半控型器件相比，可以由控制信号控制其关断，因此又称为自关断器件。这类器件品种很多，目前最常用的是绝缘栅双极晶体管和电力场效应晶体管，在处理兆瓦级大功率电能的场合，门极可关断晶闸管应用也较多。

(3) 也有不能用控制信号控制其通断的电力电子器件，因此也就不需要驱动电路，这就是电力二极管，又被称为不可控器件。这种器件只有两个端子，其基本特性与信息电子电路中的二极管一样，器件的导通和关断完全是由其在主电路中承受的电压和电流决定的。

2.2　不可控器件——电力二极管

电力二极管自 20 世纪 50 年代初期就获得应用，当时也被称为半导体整流器，并已开始逐步取代汞弧整流器。虽然是不可控器件，但其结构和原理简单，工作可靠，所以，直到现在电力二极管仍然大量应用于许多电气设备中，特别是快恢复二极管和肖特基二极管，分别在中、高频整流和逆变，以及低压高频整流的场合，具有不可替代的地位。

2.2.1　PN 结与电力二极管的工作原理

电力二极管的基本结构和工作原理与信息电子电路中的二极管是一样的，都是以半导体 PN 结为基础的。电力二极管实际上是由一个面积较大的 PN 结和两端引线以及封装组成的，图 2.2 示出了电力二极管的外形、结构和电气图形符号。从外形上看，电力二极管主要有螺栓型和平板型两种封装。

为了下文乃至以后各节讨论方便，这里将 PN 结的有关概念和二极管的基本工作原理作一简单回顾。

如图 2.3 所示，在 N 型半导体和 P 型半导体结合后构成 PN 结。由于 N 区和 P 区交界处电子和空穴的浓度差别，造成了各区的多数载流子(多子)向另一区移动的扩散运动，到对方区内成为少数载流子(少子)，从而在界面两侧分别留下了带正、负电荷

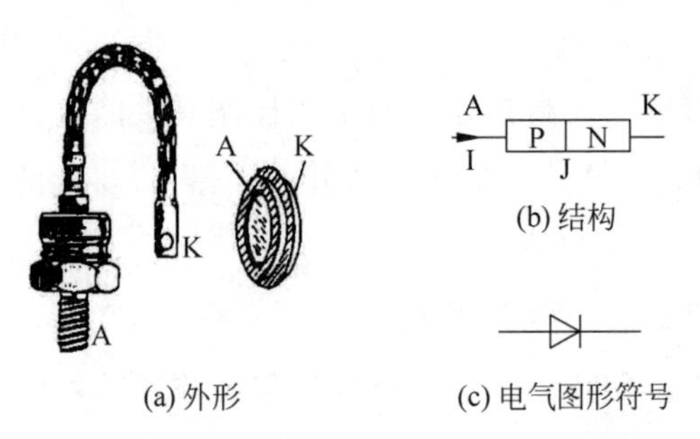

图 2.2 电力二极管的外形、结构和电气图形符号

但不能任意移动的杂质离子。这些不能移动的正、负电荷被称为空间电荷。空间电荷建立的电场被称为内电场或自建电场，其方向是阻止扩散运动的，另一方面又吸引对方区内的少子（对本区而言则为多子）向本区运动，这就是所谓的漂移运动。扩散运动和漂移运动既相互联系又是一对矛盾，最终达到动态平衡，正、负空间电荷量达到稳定值。形成了一个稳定的由空间电荷构成的范围，被称为空间电荷区，按所强调的角度不同也被称为耗尽层、阻挡层或势垒区。

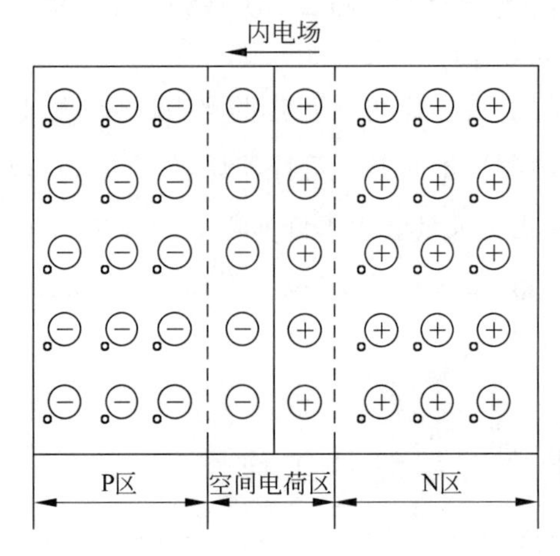

图 2.3 PN 结的形成

当 PN 结外加正向电压（正向偏置），即外加电压的正端接 P 区、负端接 N 区时，外加电场与 PN 结自建电场方向相反，使得多子的扩散运动大于少子的漂移运动，形成扩散电流，在内部造成空间电荷区变窄，而在外电路上则形成自 P 区流入而从 N 区流出的电流，称之为正向电流 I_F。

当外加电压升高时，自建电场将进一步被削弱，扩散电流进一步增加，这就是 PN 结的正向导通状态。当 PN 结上流过的正向电流较小时，二极管的电阻主要是作为基片的低掺杂 N 区的欧姆电阻，其阻值较高且为常量，因而管压降随正向电流的上升而增加；当PN结上流过的正向电流较大时，注入并积累在低掺杂N区的少子空穴浓度将很大，为了维持半导体电中性条件，其多子浓度也相应大幅度增加，使得其电阻率明显下降，也就是电导率大大增加，这就是电导调制效应。电导调制效应使得PN结在正向电流较大时压降仍然很低，维持在1V左右，所以正向偏置的PN结表现为低阻态。

当PN结外加反向电压时(反向偏置)，外加电场与PN结自建电场方向相同，使得少子的漂移运动大于多子的扩散运动，形成漂移电流，在内部造成空间电荷区变宽，而在外电路上则形成自N区流入而从P区流出的电流，称之为反向电流I_R。但是少子的浓度很小，在温度一定时漂移电流的数值趋于恒定，被称为反向饱和电流I_S，一般仅为微安数量级，因此反向偏置的PN结表现为高阻态，几乎没有电流流过，被称为反向截止状态。

这就是PN结的单向导电性，二极管的基本原理就在于PN结的单向导电性这个主要特征。

PN结具有一定的反向耐压能力，但当施加的反向电压过大，反向电流将会急剧增大，破坏PN结反向偏置为截止的工作状态，这就叫反向击穿。反向击穿按照机理不同有雪崩击穿和齐纳击穿两种形式。反向击穿发生时，只要外电路中采取了措施，将反向电流限制在一定范围内，则当反向电压降低后PN结仍可恢复原来的状态。但如果反向电流未被限制住，使得反向电流和反向电压的乘积超过了PN结容许的耗散功率，就会因热量散发不出去而导致PN结温度上升，直至过热而烧毁，这就是热击穿。

PN结中的电荷量随外加电压而变化，呈现电容效应，称为结电容C_J，又称为微分电容。结电容按其产生机制和作用的差别分为势垒电容C_B和扩散电容C_D。势垒电容只在外加电压变化时才起作用，外加电压频率越高，势垒电容作用越明显。势垒电容的大小与PN结截面积成正比，与阻挡层厚度成反比，而扩散电容仅在正向偏置时起作用。在正向偏置时，当正向电压较低时，势垒电容为主；正向电压较高时，扩散电容为结电容主要成分。结电容影响PN结的工作频率，特别是在高速开关的状态下，可能使其单向导电性变差，甚至不能工作，应用时应加以注意。

由于电力二极管正向导通时要流过很大的电流，其电流密度较大，因而额外载流子的注入水平较高，电导调制效应不能忽略，而且其引线和焊接电阻的压降等都有明显的影响；再加上其承受的电流变化率di/dt较大，因而其引线和器件自身的电感效应也会有较大影响。此外，为了提高反向耐压，其掺杂浓度低也造成正向压降较大。这些都使得电力二极管与信息电子电路中的普通二极管有所区别。在下面的工作特性和具体参数中将会注意到这一点。

2.2.2 电力二极管的主要类型

电力二极管在许多电力电子电路中都有着广泛的应用。在后面的章节中我们将会看到，电力二极管可以在交流-直流交换电路中作为整流元件，也可以在电感元件的电能需要适当释放的电路中作为续流元件，还可以在各种变流电路中作为电压隔离、钳位或保护元件。在应用时，应根据不同场合的不同要求，选择不同类型的电力二极管。下面按照正向压降、反向耐压、反向漏电流等性能，特别是反向恢复特性的不同，介绍常用的电力二极管。当然，从根本上讲，性能上的不同都是由半导体物理结构和工艺上的差别造成的，只不过这些结构和工艺差别不是本书所关心的主要问题，有兴趣的读者可以参考有关专门论述半导体物理和器件的文献。

1. 普通二极管

普通二极管又称整流二极管，多用于开关频率不高(1kHz 以下)的整流电路中。其反向恢复时间较长，一般在 5μs 以上，这在开关频率不高时并不重要，在参数表中甚至不列出这一参数。但其正向电流定额和反向电压定额却可以达到很高，分别可达数千安和数千伏以上。

2. 快恢复二极管

恢复过程很短，特别是反向恢复过程很短(一般在 5μs 以下)的二极管被称为快恢复二极管，简称快速二极管。工艺上多采用了掺金措施，结构上有的采用 PN 结型结构，也有的采用对此加以改进的 PiN 结构。特别是采用外延型 PiN 结构的所谓快恢复外延二极管，其反向恢复时间更短(可低于 50ns)，正向压降也很低(0.9V 左右)，但其反向耐压多在 1200V 以下。不管是什么结构，快恢复二极管从性能上可分为快速恢复和超快速恢复两个等级，前者反向恢复时间为数百纳秒或更长，后者则在 100ns 以下，甚至达到 20～30ns。

3. 肖特基二极管

以金属和半导体接触形成的势垒为基础的二极管称为肖特基势垒二极管，简称肖特基二极管。肖特基二极管在信息电子电路中早就得到了应用，但直到 20 世纪 80 年代以来，由于工艺的发展才得以在电力电子电路中广泛应用。与以 PN 结为基础的电力二极管相比，肖特基二极管的优点在于反向恢复时间很短(10～40ns)，正向恢复过程中也不会有明显的电压过冲；在反向耐压较低的情况下其正向压降也很小，明显低于快恢复二极管。因此，其开关损耗和正向导通损耗都比快速二极管还要小，效率高。肖特基二极管的弱点在于：当所能承受的反向耐压提高时其正向压降也会高得不能满足要求，因此多用于 200V 以下的低压场合；反向漏电流较大且对温度敏感，因此反向稳态损耗不能忽略，而且必须更严格地限制其工作温度。

2.3 半控型器件——晶闸管

晶闸管是晶体闸流管的简称，又称作可控硅整流器，以前被简称为可控硅。在电力二极管开始得到应用后不久，1956 年美国贝尔实验室发明了晶闸管，1957 年美国通用电气公司开发出了世界上第一只晶闸管产品，并于 1958 年使其商业化。由于其开通时刻可以控制，而且各方面性能均明显胜过以前的汞弧整流器，因而立即受到普遍欢迎，从此开辟了电力电子技术迅速发展和广泛应用的崭新时代，其标志就是以晶闸管为代表的电力半导体器件的广泛应用，有人称之为继晶体管发明和应用之后的又一次电子技术革命。自 20 世纪 80 年代以来，晶闸管的地位开始被各种性能更好的全控型器件所取代，但是由于其能承受的电压和电流容量仍然是目前电力电子器件中最高的，而且工作可靠，因此在大容量的应用场合仍然具有比较重要的地位。

晶闸管这个名称往往专指晶闸管的一种基本类型——普通晶闸管。但从广义上讲。晶闸管还包括其许多类型的派生器件。本节将主要介绍普通晶闸管的工作原理、基本特性和主要参数，然后对其各种派生器件也作一简要介绍。

2.3.1 晶闸管的结构与工作原理

如图 2.4 所示为晶闸管的外形、结构和电气图形符号。从外形上来看，晶闸管也主要有螺栓型和平板型两种封装结构，均引出阳极 A、阴极 K 和门极(控制端)G 三个连接端。对于螺栓型封装，通常螺栓是其阳极，做成螺栓状是为了能与散热器紧密连接且安装方便。另一侧较粗的端子为阴极，细的为门极。平板型封装的晶闸管可由两个散热器将其夹在中间，其两个平面分别是阳极和阴极，引出的细长端子为门极。晶闸管内部是 PNPN 四层半导体结构，分别命名为 P_1、N_1、P_2、N_2 四个区。P_1 区引出阳极 A，N_2 区引出阴极 K，P_2 区引出门极 G。四个区形成 J_1、J_2、J_3 三个 PN 结。如果正向电压(阳极高于阴极)加到器件上，则 J_2 处于反向偏置状态，器件 A、K 两端之间处于阻断状态，只能流过很小的漏电流。如果反向电压加到器件上，则 J_1 和 J_3 反偏，该器件也处于阻断状态，仅有极小的反向漏电流通过。

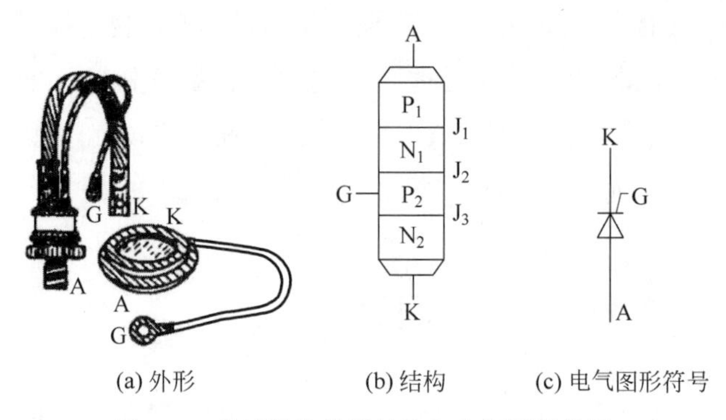

(a) 外形 (b) 结构 (c) 电气图形符号

图 2.4 晶闸管的外形结构和电气图形符号

晶闸管导通的工作原理可以用双晶体管模型来解释，如图 2.5 所示。如在器件上取一倾斜的截面，则晶闸管可以看作由 $P_1N_1P_2$ 和 $N_1P_2N_2$ 构成的两个晶体管 V_1、V_2 组合而成。如果外电路向门极注入电流 I_G，也就是注入驱动电流，则 I_G 流入晶体管 V_2 的基极，即产生集电极电流 I_{c2}，它构成晶体管 V_1 的基极电流，放大成集电极电流 I_{c1}，又进一步增大 V_2 的基极电流，如此形成强烈的正反馈，最后 V_1 和 V_2 进入完全饱和状态，即晶闸管导通。

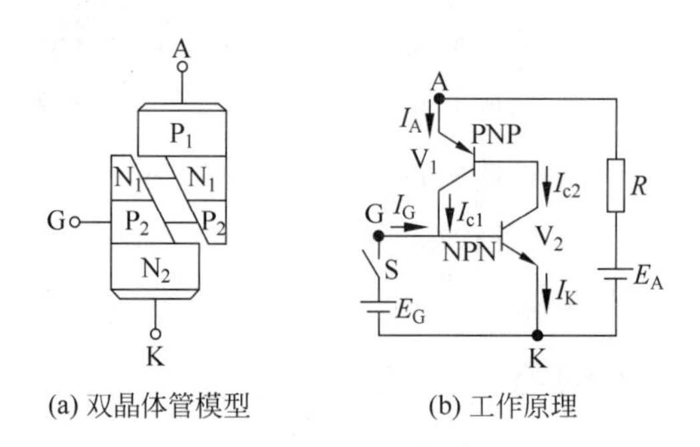

(a) 双晶体管模型 (b) 工作原理

图 2.5 晶闸管的双晶体管模型及其工作原理

此时如果撤掉外电路注入门极的电流 I_G，晶闸管由于内部已形成了强烈的正反馈会仍然维持导通状态。而若要使晶闸管关断，必须去掉阳极所加的正向电压，或者给阳极施加反压，或者设法使流过晶闸管的电流降低到接近于零的某一数值以下，晶闸管才能关断。所以，对晶闸管的驱动过程更多的是称为触发，产生注入门极的触发电流 I_G 的电路称为门极触发电路。也正是由于通过其门极只能控制其开通，不能控制其关断，晶闸管才被称为半控型器件。

按照晶体管工作原理，可列出如下方程：

$$I_{c1}=\alpha_1 I_A+I_{CBO1} \tag{2-1}$$

$$I_{c2}=\alpha_2 I_K+I_{CBO2} \tag{2-2}$$

$$I_K=I_A+I_G \tag{2-3}$$

$$I_A=I_{c1}+I_{c2} \tag{2-4}$$

式中，α_1 和 α_2 分别是晶体管 V_1 和 V_2 的共基极电流增益；I_{CBO1} 和 I_{CBO2} 分别是 V_1 和 V_2 的共基极漏电流。由式(2-1)～式(2-4)可得

$$I_A=\frac{\alpha_2 I_G+I_{CBO1}+I_{CBO2}}{1-(\alpha_1+\alpha_2)} \tag{2-5}$$

晶体管的特性是：在低发射极电流下 α 是很小的，而当发射极电流建立起来之后，α 迅速增大。因此，在晶体管阻断状态下，$I_G=0$，而 $\alpha_1+\alpha_2$ 是很小的。由上式可看出，此时流过晶闸管的漏电流只是稍大于两个晶体管漏电流之和。如果注入触发电流使各个晶体管的发射极电流增大以至 $\alpha_1+\alpha_2$ 趋近于 1，流过晶闸管的电流 I_A（阳极电流）将趋近于无穷大，从而实现器件饱和导通。当然，由于外电路负载的限制，I_A 实际上会维持有限值。

2.3.2 晶闸管的派生器件

1. 快速晶闸管

快速晶闸管包括所有专为快速应用而设计的晶闸管，有常规的快速晶闸管和工作在更高频率的高频晶闸管，可分别应用于 400Hz 和 10kHz 以上的斩波或逆变电路中。由于对普通晶闸管的管芯结构和制造工艺进行了改进，快速晶闸管的开关时间以及 du/dt 和 di/dt 的耐量都有了明显改善。从关断时间看，普通晶闸管一般为数百微秒，快速晶闸管为数十微秒，而高频晶闸管则为 $10\mu s$ 左右。与普通晶闸管相比，高频晶闸管的不足在于其电压和电流定额都不易做高。由于工作频率较高，选择快速晶闸管和高频晶闸管的通态平均电流时不能忽略其开关损耗的发热效应。

2. 双向晶闸管

双向晶闸管可以认为是一对反并联连接的普通晶闸管的集成，其电气图形符号和伏安特性如图 2.6 所示。它有两个主电极 T_1 和 T_2，一个门极 G。门极使器件在主电极的正反两方向均可触发导通，所以双向晶闸管在第Ⅰ象限和第Ⅲ象限有对称的伏安特性。双向晶闸管与一对反并联晶闸管相比是经济的，而且控制电路比较简单，所以在交流调压电路、固态继电器和交流电动机调速等领域应用较多。由于双向晶闸管通

常用在交流电路中，因此不用平均值而用有效值来表示其额定电流值。

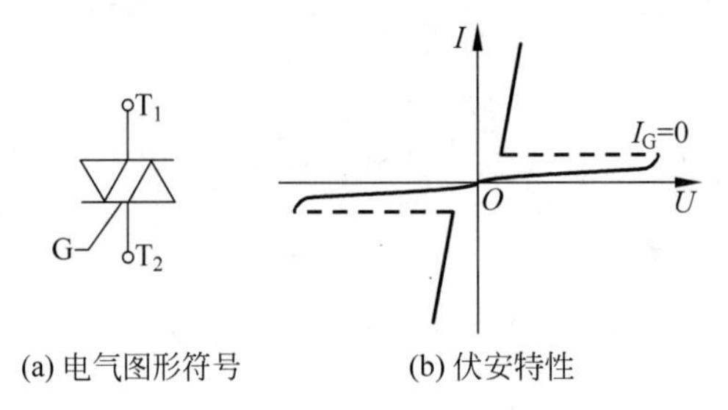

图 2.6 双向晶闸管的电气图形符号和伏安特性

3. 逆导晶闸管

逆导晶闸管是将晶闸管反并联一个二极管制作在同一管芯上的功率集成器件，这种器件不具有承受反向电压的能力，一旦承受反向电压即开通。其电气图形符号和伏安特性如图 2.7 所示。与普通晶闸管相比，逆导晶闸管具有正向压降小、关断时间短、高温特性好、额定结温高等优点，可用于不需要阻断反向电压的电路中。逆导晶闸管的额定电流有两个，一个是晶闸管电流，一个是与之反并联的二极管的电流。

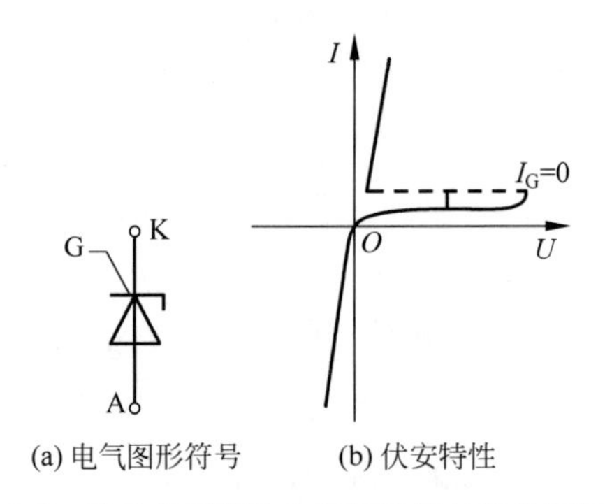

图 2.7 逆导晶闸管的电气图形符号和伏安特性

4. 光控晶闸管

光控晶闸管又称光触发晶闸管，是利用一定波长的光照信号触发导通的晶闸管，其电气图形符号和伏安特性如图 2.8 所示。小功率光控晶闸管只有阳极和阴极两个端子，大功率光控晶闸管则还带有光缆，光缆上装有作为触发光源的发光二极管或半导体激光器。由于采用光触发保证了主电路与控制电路之间的绝缘，而且可以避免电磁干扰的影响，因此光控晶闸管目前在高压大功率的场合，如高压直流输电和高压核聚变装置中，占据重要的地位。

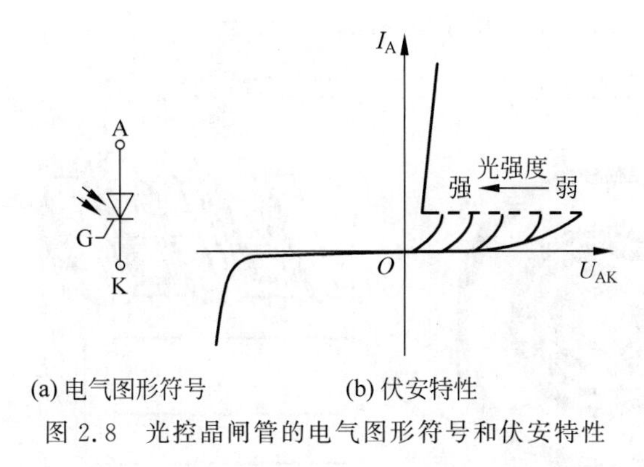

(a) 电气图形符号　　(b) 伏安特性

图 2.8　光控晶闸管的电气图形符号和伏安特性

2.4　典型全控型器件

在晶闸管问世后不久，门极可关断晶闸管就已经出现。20 世纪 80 年代以来，信息电子技术与电力电子技术在各自发展的基础上相结合而产生了一代高频化、全控型、采用集成电路制造工艺的电力电子器件，从而将电力电子技术又带入了一个崭新时代。门极可关断(Gate Turn-Off，GTO)晶闸管、电力晶体管(Giant Transistor，GTR)、电力场效应晶体管(Power Metal Oxide Semiconductor FET，Power MOSFET)和绝缘栅双极晶体管(Insulated Gate Bipolar Transistor，IGBT)就是全控型电力电子器件的典型代表。

2.4.1　门极可关断晶闸管

门极可关断晶闸管也是晶闸管的一种派生器件，但可以通过在门极施加负的脉冲电流使其关断，因而属于全控型器件。GTO 的许多性能虽然与绝缘栅双极晶体管、电力场效应晶体管相比要差，但其电压、电流容量较大，与普通晶闸管接近，因而在兆瓦级以上的大功率场合仍有较多的应用。

1. GTO 的结构和工作原理

GTO 和普通晶闸管一样，是 PNPN 四层半导体结构，外部也是引出阳极、阴极和门极。但和普通晶闸管不同的是，GTO 是一种多元的功率集成器件，虽然外部同样引出三个极，但内部则包含数十个甚至数百个共阳极的小 GTO 元，这些 GTO 元的阴极和门极则在器件内部并联在一起。这种特殊结构是为了便于实现门极控制关断而设计的。图 2.9(a)和(b)分别给出了典型的 GTO 各单元阴极、门极间隔排列的图形和其并联单元结构的断面示意图,图 2.9(c)是 GTO 的电气图形符号。

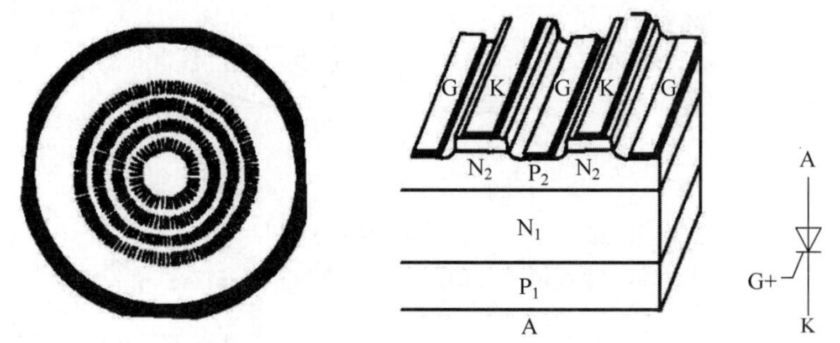

(a) 各单元的阴极、门极间隔排列的图形　(b) 并联单元结构断面示意图　(c) 电气图形符号

图 2.9　GTO 的内部结构和电器图形符号

2. GTO 的优缺点

GTO 的优点包括电压电流容量大(比 SCR 略小),开关速度比 SCR 高得多;缺点是关断电流增益小,门极负脉冲电流大,驱动较为困难,通态压降较大。

2.4.2　电力晶体管

电力晶体管按英文直译为巨型晶体管,是一种耐高电压、大电流的双极结型晶体管(Bipolar Junction Transistor,BJT),所以英文有时候也称为 Power BJT。在电力电子技术的范围内,GTR 与 BJT 这两个名称是等效的。自 20 世纪 80 年代以来,在中、小功率范围内取代晶闸管的,主要是 GTR。但是目前,其地位已大多被绝缘栅双极晶体管和电力场效应晶体管所取代。

1. GTR 的结构和工作原理

GTR 与普通的双极结型晶体管基本原理是一样的,这里不再详述。但是对 GTR 来说,最主要的特性是耐压高、电流大、开关特性好,而不像小功率的用于信息处理的双极结型晶体管那样注重单管电流放大系数、线性度、频率响应以及噪声和温漂等性能参数。因此,GTR 通常采用至少由两个晶体管按达林顿接法组成的单元结构,同 GTO 一样采用集成电路工艺将许多这种单元并联而成。单管的 PN 结构与普通的双极结型晶体管是类似的。GTR 是由三层半导体(分别引出集电极、基极和发射极)形成的两个 PN 结(集电结和发射结)构成,多采用 NPN 结构。图 2.10(a)和(b)分别给出了 NPN 型 GTR 的内部结构断面示意图和电气图形符号。注意，表示半导体类型字母的右上角标“+”表示高掺杂浓度，“－”表示低掺杂浓度。

在应用中，GTR 一般采用共发射极接法，图 2.10(c)给出了在此接法下 GTR 内部主要载流子流动情况示意图。集电极电流 i_c 与基极电流 i_b 之比为

$$\beta=\frac{i_c}{i_b} \tag{2-6}$$

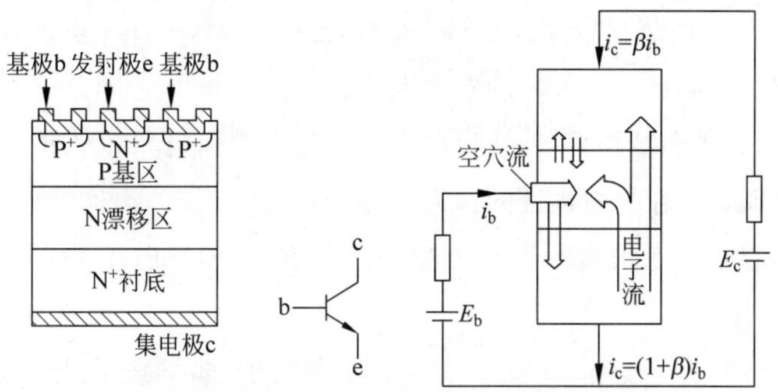

(a) 内部结构断面示意图 (b) 电气图形符号 (c) 内部载流子的流动

图 2.10 GTR 的结构、电气图形符号和内部载流子的流动

β 称为 GTR 的电流放大系数，它反映了基极电流对集电极电流的控制能力。当考虑到集电极和发射极间的漏电流 I_{CEO} 时，i_c 和 i_b 的关系为

$$i_c=\beta i_b+I_{CEO} \tag{2-7}$$

GTR 的产品说明书中通常给出的是直流电流增益 h_{FE}，它是在直流工作的情况下，集电极电流与基极电流之比。一般可认为 $\beta\approx h_{FE}$。单管 GTR 的 β 值比处理信息用的小功率晶体管小得多，通常为 10 左右，采用达林顿接法可以有效地增大电流增益。

2. GTR 的优缺点

GTR 开关速度较快，快于 GTO，但是低于 MOSFET 和 IGBT；GTR 的电压电流容量小于 GTO 和 IGBT，但是高于 MOSFET。

2.4.3 电力场效应晶体管

就像小功率的用于信息处理的场效应晶体管分为结型和绝缘栅型一样，电力场效应晶体管也有着两种类型，但通常主要指绝缘栅型中的 MOS 型(Metal Oxide Semiconductor FET)，简称电力 MOSFET(Power MOSFET)，或者更精练地简称为

MOS 管或 MOS。至于结型电力场效应晶体管则一般称作静电感应晶体管，将在 2.5 节作简要介绍。这里主要讲述电力 MOSFET。

1. MOSFET 的结构和工作原理

电力 MOSFET 是用栅极电压来控制漏极电流的，因此它的第一个显著特点是驱动电路简单，需要的驱动功率小。其第二个显著特点是开关速度快，工作频率高。另外，电力 MOSFET 的热稳定性优于 GTR。但是电力 MOSFET 电流容量小，耐压低，一般只适用于功率不超过 10kW 的电力电子装置。

MOSFET 种类和结构繁多，按导电沟道可分为 P 沟道和 N 沟道。当栅极电压为零时漏源极之间就存在导电沟道的称为耗尽型；对于 N(P)沟道器件，栅极电压大于(小于)零时才存在导电沟道的称为增强型。在电力 MOSFET 中，主要是 N 沟道增强型。

电力 MOSFET 在导通时只有一种极性的载流子(多子)参与导电，是单极型晶体管。其导电机理与小功率 MOS 管相同，但结构上有较大区别。小功率 MOS 管是一次扩散形成的器件，其导电沟道平行于芯片表面，是横向导电器件。而目前电力 MOSFET 大都采用了垂直导电结构，所以又称为 VMMOSFET。这大大提高了 MOSFET 器件的耐压和耐电流能力。按垂直导电结构的差异，电力 MOSFET 又分为利用 V 形槽实现垂直导电的 VVMOSFET 和具有垂直导电双扩散 MOS 结构的 VDMOSFET。这里主要以 VDMOS 器件为例进行讨论。

电力 MOSFET 也是多元集成结构，一个器件由许多个小 MOSFET 元组成。每个元的形状和排列方法，不同生产厂家采用了不同的设计，因而对其产品取了不同的名称。国际整器公司的 HEXFET 采用了六边形单元，西门子公司的 SIPMOSFET 采用了正方形单元，而摩托罗拉公司的 TMOS 则采用了矩形单元按“品”字形排列。不管名称怎样变，垂直导电的基本思想没有变。

图 2.11(a)给出了 N 沟道增强型 VDMOS 中一个单元的截面图。电力 MOSFET 的电气图形符号如图 2.11(b)所示。

当漏极接电源正端，源极接电源负端，栅极和源极间电压为零时，P 基区与 N 漂移区之间形成的 PN 结 J_1 反偏，漏源极之间无电流流过。如果在栅极和源极之间加一正电压 U_{GS}，由于栅极是绝缘的，所以并不会有栅极电流流过。但栅极的正电压却会将其下面 P 区中的空穴推开，而将 P 区中的少子——电子吸引到栅极下面的 P 区表面。当 U_{GS} 大于某一电压值 U_T 时，栅极下 P 区表面的电子浓度将超过空穴浓度，从而使 P 型半导体反型而成 N 型半导体，形成反型层，该反型层形成 N 沟道而使 PN

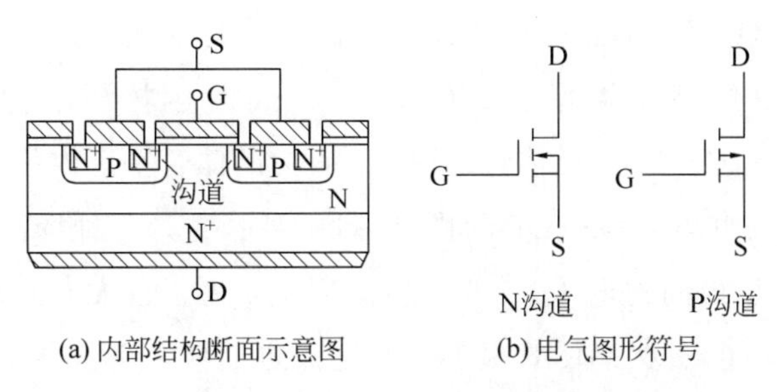

图 2.11 电力 MOSFET 的结构和电气图形符号

结 J_1 消失，漏极和源级导电。电压 U_T 称为开启电压(或阈值电压)，U_{GS} 超过 U_T 越多，导电能力越强，漏极电流 I_D 越大。

2. MOSFET 的优缺点

MOSFET 的优点为开关频率最好，驱动电流小，易驱动，通态电阻具有正温度系数(有利于器件并联均流)。MOSFET 的缺点为电压电流容量较小，通态压降较大，I_D 大则压降随之增大。不用时 G-S 间短接，以防静电击穿。

2.4.4 绝缘栅双极晶体管

1. IGBT 的结构和工作原理

GTR 和 GTO 是双极型电流驱动器件，由于具有电导调制效应，所以其通流能力很强，但开关速度较低，所需驱动功率大，驱动电路复杂。而电力 MOSFET 的优点为是单极型电压驱动器件，开关速度快，输入阻抗高，热稳定性好，所需驱动功率小而且驱动电路简单。将这两类器件相互取长补短适当结合而成的复合器件，通常称为 Bi-MOS 器件。绝缘栅双极晶体管(IGBT)综合了 GTR 和 MOSFET 的优点，因而具有良好的特性。因此，自其 1986 年开始投入市场，就迅速扩展了其应用领域，目前已取代了原来 GTR 和一部分电力 MOSFET 的市场，成为中小功率电力电子设备的主导器件，并在继续努力提高电压和电流容量，以期再取代 GTO 的地位。

IGBT 也是三端器件，具有栅极 G、集电极 C 和发射极 E。图 2.12(a)给出了一种由 N 沟道 VDMOSFET 与双极型晶体管组合而成的 IGBT 的基本结构。与图 2.11(a)对照可以看出，IGBT 比 VDMOSFET 多一层 P^+ 注入区，因而形成了一个大面积的 P^+N 结 J_1。这样使得 IGBT 导通时由 P^+ 注入区向 N 基区发射少子，从而对漂移区电导率进行调制,使得 IGBT 具有很强的通流能力。其简化等效电路如图 2.12(b)所示,可以看出这是用双极型晶体管与 MOSFET 组成的达林顿结构,相当于一个由 MOSFET 驱动的厚基区 PNP 晶体管。图中 R_N 为晶体管基区内的调制电阻。因此,IGBT 的驱动原理与电力 MOSFET 的优点基本相同,它是一种场控器件。其开通和关断是由栅极和发射极间的电压 u_{GE} 决定的,当 u_{GE} 为正且大于开启电压 $U_{GE(th)}$ 时,MOSFET 内形成沟道,并为晶体管提供基极电流进而使 IGBT 导通。由于前面提到的电导调制效应,使得电阻 R_N 减小,这样高耐压的 IGBT 也具有很小的通态压降。当栅极与发射极间施加反向电压或不加信号时,MOSFET 内的沟道消失,晶体管的基极电流被切断,使得 IGBT 关断。

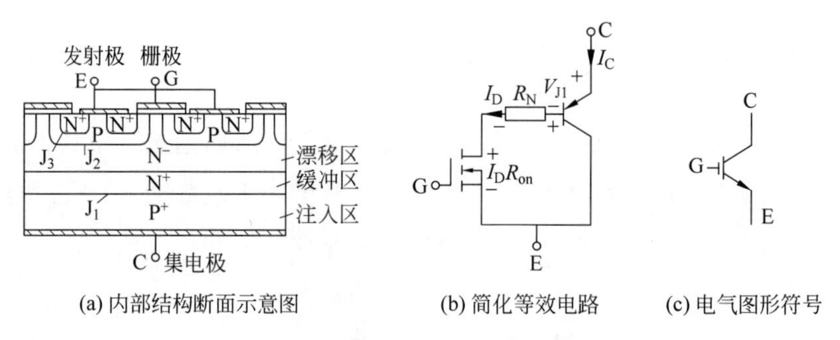

(a) 内部结构断面示意图　(b) 简化等效电路　(c) 电气图形符号

图 2.12　IGBT 的结构、简化等效电路和电气图形符号

2. IGBT 的特点

IGBT 结合了 MOSFET 和 GTR 的优点,它的开关速度高,开关损耗小;开关频率略低于 MOSFET;电压电流容量大,高于 GTR;驱动电流小,驱动电路简单。

2.5 其他新型电力电子器件

2.5.1 MOS 控制晶闸管

MOS 控制晶闸管(MOS Controlled Thyristor,MCT)是将 MOSFET 与晶闸管组合而成的复合型器件。MCT 将 MOSFET 的高输入阻抗、低驱动功率、快速的开关过程和晶闸管的高电压大电流、低导通压降的特点结合起来,也是 Bi-MOS 器件的一种。一个 MCT 器件由数以万计的 MCT 元组成,每个元的组成为一个 PNPN 晶闸管、一个控制该晶闸管开通的 MOSFET 和一个控制该晶闸管关断的 MOSFET。

MCT 具有高电压、大电流、高载流密度、低通态压降的特点。其通态压降只有 GTR 的 1/3 左右,硅片的单位面积连续电流密度在各种器件中是最高的。另外,MCT 可承受极高的 di/dt 和 du/dt,使得其保护电路可以简化。MCT 的开关速度超过 GTR,开关损耗也小。

总之,MCT 曾一度被认为是一种最有发展前途的电力电子器件。因此,20 世纪 80 年代以来一度成为研究的热点。但经过十多年的努力,其关键技术问题没有大的突破,电压和电流容量都远未达到预期的数值,未能投入实际应用。而其竞争对手 IGBT 却进展飞速,所以,目前从事 MCT 研究的人不是很多。

2.5.2 静电感应晶体管

静电感应晶体管(Static Induction Transistor,SIT)诞生于 1970 年,实际上是一种结型场效应晶体管。将用于信息处理的小功率 SIT 器件的横向导电结构改为垂直导电结构,即可制成大功率的 SIT 器件。SIT 是一种多子导电的器件,其工作频率与电力 MOSFET 相当,甚至超过电力 MOSFET,而功率容量也比电力 MOSFET 大,因而适用于高频大功率场合,目前已在雷达通信设备、超声波功率放大、脉冲功率放大和高频感应加热等某些专业领域获得了较多的应用。

但是 SIT 在栅极不加任何信号时是导通的,栅极加负偏压时关断,这被称为正常导通型器件,使用不太方便。此外,SIT 通态电阻较大,使得通态损耗也大,因而 SIT 还未在大多数电力电子设备中得到广泛应用。

2.5.3 静电感应晶闸管

静电感应晶闸管(Static Induction Thyrisor,SITH)诞生于 1972 年,是在 SIT 的漏极层上附加一层与漏极层导电类型不同的发射极层而得到的。因为其工作原理也与 SIT 类似,门极和阳极电压均能通过电场控制阳极电流,因此 SITH 又被称为场控晶闸管。由于比 SIT 多了一个具有少子注入功能的 PN 结,因而 SITH 是两种载流子导电的双极型器件,具有电导调制效应,通态压降低、通流能力强。其很多特性与 GTO 类似,但开关速度比 GTO 高得多,是大容量的快速器件。

SITH 一般也是正常导通型,但也有正常关断型。此外,其制造工艺比 GTO 复杂得多,电流关断增益较小,因而其应用范围还有待拓展。

2.5.4 集成门极换流晶闸管

集成门极换流晶闸管(Integrated Gate Commutated Thyristor,IGCT)有的厂家也称为GCT(Gate Commutated Thyristor,门极换流晶闸管),是20世纪90年代后期出现的新型电力电子器件。IGCT将IGBT与GTO的优点结合起来,其容量与GTO相当,但开关速度比GTO快10倍,而且可以省去GTO应用时庞大而复杂的缓冲电路,只不过其所需的驱动功率仍然很大。目前,IGCT正在与IGBT以及其他新型器件激烈竞争,试图最终取代GTO在大功率场合的位置。

2.5.5 功率模块与功率集成电路

自20世纪80年代中后期开始,在电力电子器件研制和开发中的一个共同趋势是模块化。正如前面有些地方提到的,按照典型电力电子电路所需要的拓扑结构,将多个相同的电力电子器件或多个相互配合使用的不同电力电子器件封装在一个模块中,可以缩小装置体积,降低成本,提高可靠性;更重要的是,对工作频率较高的电路,这可以大大减小线路电感,从而简化对保护和缓冲电路的要求。这种模块被称为功率模块,或者按照主要器件的名称命名,如IGBT模块。

更进一步,如果将电力电子器件与逻辑、控制、保护、传感、检测、自诊断等信息电子电路制作在同一芯片上,则称为功率集成电路。与功率集成电路类似的还有许多名称,但实际上各自有所侧重:高压集成电路一般指横向高压器件与逻辑或模拟控制电路的单片集成;智能功率集成电路一般指纵向功率器件与逻辑或模拟控制电路的单片集成;而智能功率模块则一般指IGBT及其辅助器件与其保护和驱动电路的封装集成,也称智能IGBT。

高低压电路之间的绝缘问题以及温升和散热的有效处理,一度是功率集成电路的主要技术难点。因此,以前功率集成电路的开发和研究主要集中在中小功率应用场合,如家用电器、办公设备电源、汽车电器等。智能功率模块则在一定程度上回避了这两个难点,只将保护和驱动电路与IGBT器件封装在一起,因而最近几年获得了迅速发展。目前最新的智能功率模块产品已用于高速列车牵引这样的大功率场合。

功率集成电路实现了电能和信息的集成,成为机电一体化的理想接口,具有广阔的应用前景。

本章小结

电力电子器件按照电力电子器件能够被控制电路信号所控制的程度,可以将电力电子器件分为以下 3 类:

(1) 通过控制信号可以控制其导通而不能控制其关断的电力电子器件,被称为半控型器件,如晶闸管。

(2) 通过控制信号既可以控制其导通,又可以控制其关断的电力电子器件,被称为全控型器件。由于与半控型器件相比,可以由控制信号控制其关断,因此又称为自关断器件。较为常用的有 GTO、GTR、MOSFET、IGBT。

(3) 也有不能用控制信号控制其通断的电力电子器件,因此也就不需要驱动电路,被称为不可控器件,如电力二极管。

本章内容结构:

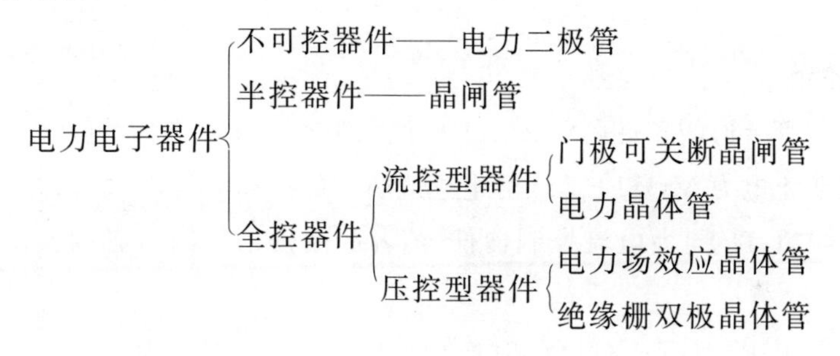

习题

一、填空题

1. 电力电子器件一般工作在________状态。

2. 在通常情况下,电力电子器件功率损耗主要为________,而当器件开关频率较高时,功率损耗主要为________。

3. IGBT 是________和________复合管,图形符号为________。

4. 电力电子器件组成的系统,一般由________、________、________三部分组成,由于电路中存在电压和电流的过冲,往往需添加________。

5. 在器件电力二极管(Power Diode)、晶闸管(SCR)、门极可关断晶闸管(GTO)、电力晶体管(GTR)、电力场效应管(电力 MOSFET)、绝缘栅双极型晶体管(IGBT)中,属于不可控器件的是________,属于半控型器件的是________,属于全控型器件的是________;在全控的器件中,容量最大的是________,工作频率最高的是________,

属于电压驱动的是________,属于电流驱动的是________。

6. 通常所用的电力有________和________两种,从公用电网上直接得到的电力是________,从蓄电池和干电池得到的是________。

7. 请在空格内标出下面元件的简称:电力晶体管________;极可关断晶闸管________;功率场效应晶体管________;绝缘栅双极型晶体管________。

8. 目前常用的具有自关断能力的电力电子器件有________、________、________、________。

9. 普通的晶闸管的图形符号是________,三个电极分别为________、________和________,晶闸管的导通条件是________,关断条件是________。

10. 可关断的晶闸管的图形符号是________;电力晶体管的图形符号是________;功率场效应晶体管的图形符号是________;绝缘栅双极型晶体管的图形符号是________。

11. 绝缘栅双极型晶体管是以________作为栅极,以________作为发射极与集电极复合而成。

二、简答题

1. 使晶闸管导通的条件是什么?怎样使晶闸管由导通变为关闭?

2. 如何防止电力 MOSFET 因静电感应引起的损坏?

3. GTO 与 GTR 同为电流控制器件,前者的触发信号与后者的驱动信号有哪些异同?

4. 试说明 IGBT、GTR、GTO 和电力 MOSFET 各自的优缺点。

5. 图 2.13 中实线部分表示流过晶闸管的电流波形,其最大值均为 I_m,试计算各图的电流平均值。

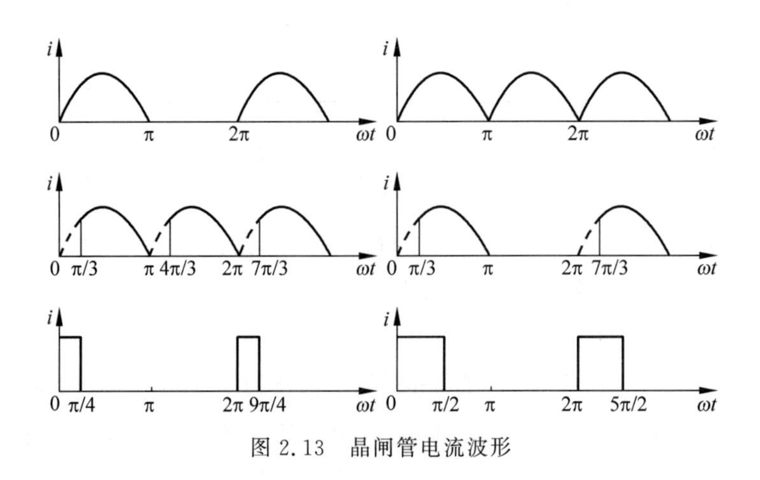

图 2.13 晶闸管电流波形

第3章

整流电路

学习目标与重点

- 掌握整流电路的工作方式；
- 重点掌握单相整流电路的工作原理和波形分析；
- 重点掌握三相整流电路的工作原理和波形分析；
- 了解不同电路中电力电子器件的容量的选取。

关键术语

整流电路；触发角；导通角；移相范围；管压降；平均值

【应用导入】 手机充电器的工作原理是什么？

众所周知，手机电池储存的是直流电，而充电器接在电源插座上得到的是交流电，手机充电器如何实现将交流电转变成直流电给手机充电的呢？这就是本章所要学习的变流技术中的整流电路。

在工业生产和科学实验中，很多设备如直流电动机的调速、直流发电机的励磁、电焊、电镀等都需要电压可调的直流电，整流电路就是电力电子技术中将交流转换成直流的电路。整流电路是电力电子技术中出现最早的一种电力变换。

整流电路的分类：按组成的器件可分为不可控、半控、全控三种；按电路结构可分为桥式电路和零式电路；按交流输入相数分为单相电路和多相电路；按变压器二次电流的方向是单相或双向，又分为单拍电路和双拍电路。其中，采用不可控性器件电力二极管作为整流元件，获得固定大小的直流电压，这种整流称为不可控整流；采用半控型器件晶闸管作为整流元件，通过控制门极触发脉冲的相位控制输出整流电压的大小，这种整流方式称为可控整流，也称为相控整流；采用全控型器件（如 GTR、GTO、IGBT 等）作为整流元件，通过脉冲宽度调制（PWM）实现整流称为 PWM 整流电路。

学习整流电路的工作原理时，要根据电路的开关器件通、断状态及交流电源电压波形和负载的性质，分析其输出直流电压、电路中各元器件的电压电流波形。在重点掌握各种整流电路中波形分析方法的基础上，得到整流输出电压与移相控制角之间的关系。

整流电路可分为相位控制（简称相控）整流电路和斩波控制（简称斩控）整流电路，本章讲述的主要是相控整流电路。

3.1 单相可控整流电路

单相可控整流电路是晶闸管相控整流电路中最简单,也是最基本的电路。本节介绍典型的单相可控整流电路,以此学会一些分析和设计方法。

典型的单相可控整流电路包括单相半波可控整流电路、单相桥式全控整流电路、单相全波可控整流电路及单相桥式可控整流电路等。单相可控整流电路的交流侧接单相电源。

3.1.1 单相半波可控整流电路

1. 带电阻负载的工作情况

单相半波可控整流电路的原理图及带电阻负载时的工作波形如图 3.1 所示。通过整流变压器 T 得到一个负载所需要的电压瞬时值 u_2,作为整流电路的输入电压,其一次电压用 u_1 表示,其有效值分别用 U_1 和 U_2 表示,其中 U_2 的大小根据需要的直流输出电压 u_d 的平均值确定。

在工业生产中,呈现电阻性负载的有电阻加热炉、电解电镀装置等。电阻负载的特点是电压与电流成正比,两者波形相同。

整流电路的工作过程是,首先认为晶闸管(开关器件)为理想器件,即晶闸管导通时忽略其管压降损耗,并且晶闸管阻断时其漏电流也忽略为零。在特意研究晶闸管的开通、关断过程时要考虑损耗,电路分析中认为晶闸管的开通与关断过程瞬时完成。

单相半波可控整流电路阻性负载的电路如图 3.1(a)所示,在晶闸管 VT 处于断态时,电路中没有电流流过,所以负载电阻 R 两端电压为零,电源电压 u_2 全部施加于 VT 两端。如在 u_2 正半周 VT 承受正向阳极电压期间的 ωt_1 时刻给 VT 门极加触发脉冲,VT 满足导通条件,则 VT 开通。忽略晶闸管通态电压,则直流输出电压瞬时值 u_d 与 u_2 相等。至 $\omega t=\pi$ 即 u_2 降为零时,电路中电流亦降至零,VT 关断,之后 u_d、i_d 均为零。图 3.1(b)分别给出了 u_d 和晶闸管两端电压 u_{VT} 的波形。i_d 的波形与 u_d 波形相同。

当改变触发时刻时,u_d 和 i_d 波形也随之改变,整流输出电压 u_d 为极性不变但瞬时值变化的脉动直流,其波形只在 u_2 正半周内出现,故称“半波”整流。加之电路中采用了可控件——晶闸管,且交流输入为单相,故该电路称为单相半波可控整流电路。

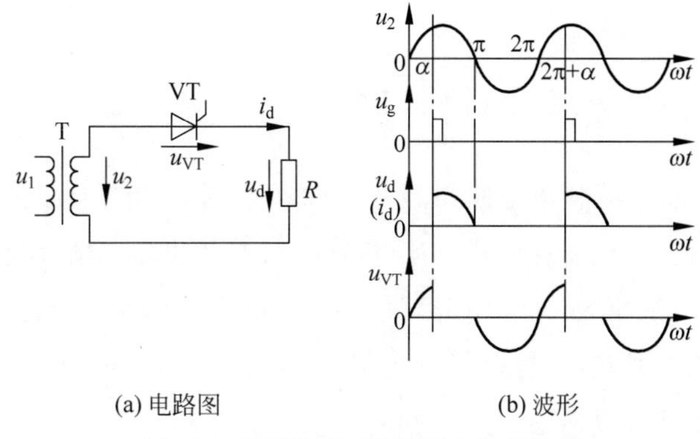

(a) 电路图　　(b) 波形

图 3.1　单相半波可控整流电路及波形

整流电压 u_d 波形在一个电流周期中只脉动 1 次，故该电路也称为单脉波整流电路。

触发角也称控制角，是指从晶闸管开始承受正向阳极电极起，到施加触发脉冲止的电角度，用 α 表示。导通角是指晶闸管在一个电流周期中处于通态的电角度，用 θ 表示，$\theta=\pi-\alpha$。直流输出电压平均值为

$$
\begin{aligned}
U_d &= \frac{1}{2\pi}\int_{\alpha}^{\pi}\sqrt{2}U_2\sin\omega t\,\mathrm{d}(\omega t) \\
&= \frac{\sqrt{2}U_2}{2\pi}(1+\cos\alpha)=0.45U_2\,\frac{1+\cos\alpha}{2}
\end{aligned}
\tag{3-1}
$$

可以看出，当 $\alpha=0$ 时，整流输出电压平均值为最大，用 U_{d0} 表示，$U_d=U_{d0}=0.45U_2$。随着 α 增大，U_d 减小，当 $\alpha=\pi$ 时，$U_d=0$，该电路中 VT 的 α 移相范围为 $180°$。所以，调节 α 角即可控制 U_d 值。这种通过控制触发脉冲的相位控制直流输出电压的方式称为相位控制方式，简称相控方式。

电流 i_d 波形和电压 u_d 波形呈正比，所以也是不完整的正弦波形，因此在选择晶闸管、熔断器、导线截面以及计算负载电阻 R_d 的有功功率时，必须按电流有效值计算。输出电压的有效值即均方根值 U 为

$$
U=\frac{1}{2\pi}\int_{\alpha}^{\pi}(\sqrt{2}U_2\sin\omega t)^2\,\mathrm{d}(\omega t)=U_2\sqrt{\frac{1}{4\pi}\sin2\alpha+\frac{\pi-\alpha}{2\pi}} \tag{3-2}
$$

电流有效值 I 为

$$
I=\frac{U}{R_d}=\frac{U_2}{R_d}\sqrt{\frac{1}{4\pi}\sin2\alpha+\frac{\pi-\alpha}{2\pi}} \tag{3-3}
$$

电流波形的波形系数

$$
K_f=\frac{I}{I_d}=\frac{\sqrt{\frac{1}{4\pi}\sin2\alpha+\frac{\pi-\alpha}{2\pi}}}{\frac{\sqrt{2}}{\pi}\cdot\frac{1+\cos\alpha}{2}}=\frac{\sqrt{\pi\sin2\alpha+2\pi(\pi-\alpha)}}{\sqrt{2}(1+\cos\alpha)} \tag{3-4}
$$

当 $\alpha=0$ 时，则

$$K_{\mathrm{f}}=\frac{\sqrt{2\pi\cdot\pi}}{2\sqrt{2}}=\frac{\pi}{2}=1.57 \tag{3-5}$$

由式(3-5)可见，半波整流电路得到的是脉动直流，其有效值大于平均值，且随着 α 的增大 K_{f} 值也增大，说明在同样直流电流时，其有效值随 α 增大而增大。

对于整流电路，通常要考虑功率因数 $\cos\varphi$ 和电源的伏安容量。可以看出，变压器二次侧所供给的有功功率(忽略晶闸管的损耗)为 $P=I^2R_{\mathrm{d}}=UI$（注意：不是 $i_{\mathrm{d}}^2R_{\mathrm{d}}$），而变压器二次侧的视在功率 $S=U_2I$。所以电路功率因数为

$$\cos\varphi=\frac{P}{S}=\frac{UI}{U_2I}=\sqrt{\frac{1}{4\pi}\sin2\alpha+\frac{\pi-\alpha}{2\pi}} \tag{3-6}$$

从式(3-6)可见，$\cos\varphi$ 是 α 的函数，$\alpha=0$ 时，$\cos\varphi$ 最大为 0.707。这说明尽管是电阻性负载，由于存在谐波电流，电源的功率因数也不会是 1，而且当 α 越大时，功率因数越低。这是因为移相控制导致负载电流波形发生畸变，大量高次谐波成分减小了有功输出却占据了电路容量。

【例 3-1】 有一个单相半波可控整流电路，负载电阻 $R_{\mathrm{d}}=10\Omega$，直接接到交流电源 220V 上，要求控制角从 $0\sim\pi$ 可移相，如图 3.2 所示。求：(1)控制角 $\alpha=\pi/3$ 时，电压表、电流表读数。(2)选择晶闸管元件，并计算此时的功率因数。

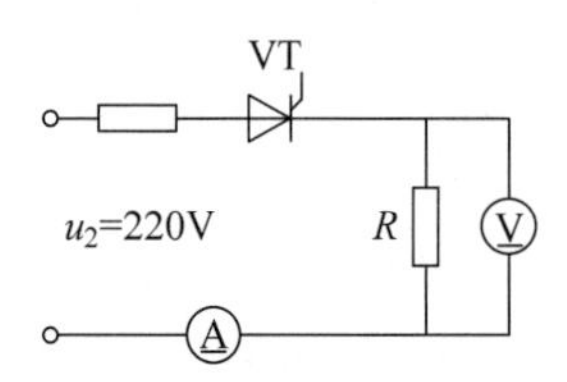

图 3.2 单相半波可控整流电路

解：(1) 由式(3-2)计算得当 $\alpha=\pi/3$ 时，则

$$U_{\mathrm{d}}=\frac{1}{2\pi}\int_{\frac{\pi}{3}}^{\pi}\sqrt{2}U_2\sin\omega t\,\mathrm{d}(\omega t)=\frac{\sqrt{2}\times220}{2\pi}\left(1+\cos\frac{\pi}{3}\right)$$

$$=0.45\times220\times\frac{1+\cos\frac{\pi}{3}}{2}=74.4(\mathrm{V})$$

$$I_{\mathrm{d}}=U_{\mathrm{d}}/R_{\mathrm{d}}=74.4/10=7.44(\mathrm{A})$$

(2) 电流的有效值为

$$I_{\mathrm{VT}}=I_2=\frac{U_2}{R_{\mathrm{d}}}\sqrt{\frac{1}{4\pi}\sin2\alpha+\frac{\pi-\alpha}{2\pi}}=\frac{220}{10}\sqrt{\frac{1}{4\pi}\sin\left(2\times\frac{\pi}{3}\right)+\frac{\pi-\pi/3}{2\pi}}=13.95(\mathrm{A})$$

晶闸管的通态平均电流可以按下式计算与选择

$$I_{T(AV)}=(1.5-2)\frac{I_{VT}}{1.57}=13.33\sim17.77(A)$$

式中，取 $I_{T(AV)}=20(A)$。

晶闸管额定电压可按下式计算与选择

$$U_{TE}=(2\sim3)U_m=622\sim933(V)$$

式中，取 $U_{TE}=1000(V)$。

可选用 KP20-10 型晶闸管。

计算此时的功率因数为

$$\cos\varphi=\frac{P}{S}=\frac{I_2R}{U_2}=0.634$$

2. 带电感负载的工作情况

生产实践中，更常见的是电感性负载，该负载既有电阻也有电感，当负载中感抗 ωL 与电阻相比不可忽略时即为阻感负载；若 $\omega L\gg R$，则负载主要呈现为电感，称为电感负载，如电机的励磁绕组。

如图 3.3(a)所示，将负载换成阻感负载时，电感对电流变化有抗拒作用。当流过电感器件的电流变化时，在电感两端产生感应电动势，其极性是阻止电流变化的，当电流增加时，感应电动势的极性阻止电流增加；当电流减小时，感应电动势的极性反过来阻止电流减小。这使得流过电感的电流不能发生突变，这是阻感负载的特点，也是理解整流电路带阻感负载工作情况的关键之一。

当晶闸管 VT 处于断态时，电路中电流 $i_d=0$，负载 $L+R$ 两端的电压为 0，电源电压 u_2 全部加在 VT 两端。在 ωt_1 时刻，即触发角 α 处，触发 VT 使其开通，u_2 加于负载两端，因电感 L 的存在使 i_d 不能突变，i_d 从 0 开始增加，如图 3.3(b)所示，同时 L 的感应电动势试图阻止 i_d 增加；这时，交流电源一方面供给电阻 R 消耗的能量；另一方面供给电感 L 吸收的磁场能量。到 u_2 由正变负的过零点处，i_d 已经处于减小的过程中，但尚未降到零，因此 VT 仍处于通态。此后，L 中储存的能量逐渐释放，一方面供给电阻消耗的能量，另一方面供给变压器二次侧绕组吸收的能量，从而维持 i_d 流动。至 ωt_2 时刻，电感能量释放完毕，i_d 降至 0，VT 关断并立即承受反压，如图 3.3(b)中晶闸管 VT 两端电压 u_{VT} 波形所示。由 u_d 波形还可看出，由于电感的存在延迟了 VT 的关断时刻，使 u_d 波形出现负的部分，与带电阻负载时相比其平均值 U_d 下降。

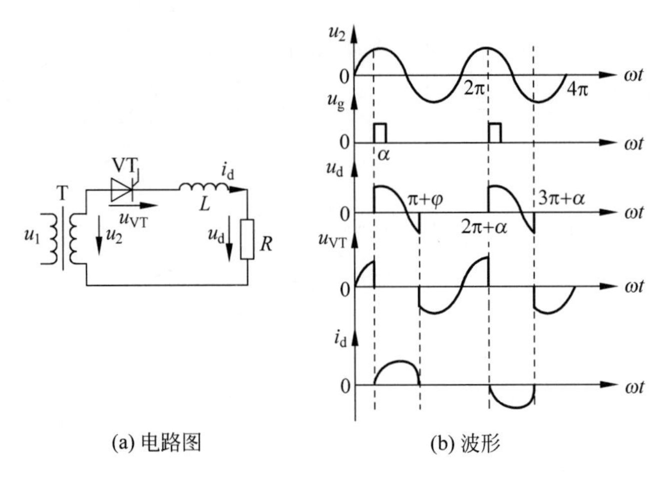

图 3.3　带阻感负载的单相半波可控整流电路及其波形

随着电感 L 增大，并到一定程度时，电感 L 中存储的能量能保证整个负半周期和 ωt_2 到来时间段内仍然保持电流持续，即电源 u_2 负半周 L 维持晶闸管导通的时间就等于晶闸管在 u_2 正半周导通的时间，u_d 中负的部分就等于正的部分，其平均值 u_d 等于零，输出的直流电流波形波动较小。

为解决上述矛盾，在整流电路的负载两端并联一个二极管，称为续流二极管，用 VD 表示，如图 3.4(a)所示。图 3.4(b)是该电路的典型工作波形。

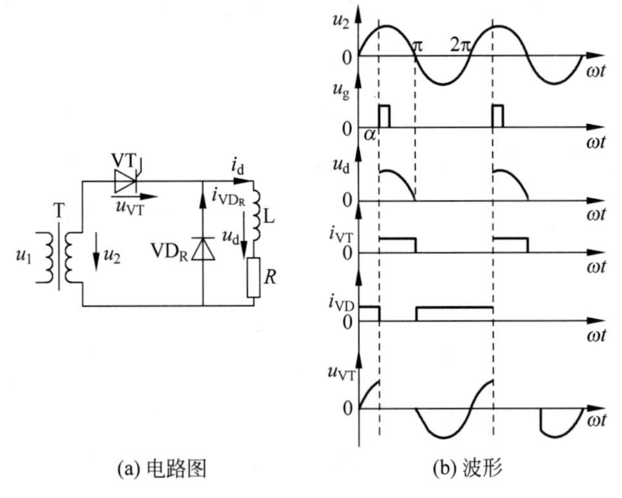

图 3.4　单相半波带电阻负载有续流二极管的电路及波形

加有续流二极管的电路与没有续流二极管的电路相比，在 u_2 正半周时两者工作情况是一样的。当 u_2 过零变负时，VD_R 导通，u_d 为 0。此时为负的 u_2 通过 VD_R 向 VT 施加反压使其关断，L 储存的能量保证了电流 i_d 在 L-R-VD_R 回路中流通，此过程称为续流。u_d 波形如图 3.4(b)所示，如忽略二极管的通态电压，则在续流期间 u_d 为 0，u_d 中不再出现负的部分，这与电阻负载时基本相同。但与电阻负载时相比，i_d 的波形是不一样的。若 L 足够大，$\omega L \gg R$，即负载为电感负载，在 VT 关断期间，VD_R 可持续导通，使 i_d 连续，且 i_d 波形接近一条水平线，如图 3.4(b)所示。在一周期内，$\omega t = \alpha \sim \pi$ 期间，VT 导通，其导通角为 $\pi - \alpha$，i_d 流过 VT，晶闸管电流 i_{VT} 的波形如图 3.4(b)所示；其余时间 i_d 经过 VD_R，续流二极管电流 i_{VD_R} 波形如图 3.4(b)所示，导通角为 $\pi + \alpha$。若近似认为 i_d 为一条水平线，恒为 i_d，则流过晶闸管的平均电流值 i_{dVT} 和有效值 i_{VT} 分别为

$$I_{dVT} = \frac{\pi - \alpha}{2\pi} I_d \tag{3-7}$$

$$I_{VT} = \sqrt{\frac{1}{2\pi}\int_{\alpha}^{\pi} I_d^2 \mathrm{d}(\omega t)} = \sqrt{\frac{\pi - \alpha}{2\pi}} I_d \tag{3-8}$$

续流二极管的电流平均值 i_{dVD_R} 和有效值 i_{VD_R} 分别为

$$I_{dVD_R} = \frac{\pi + \alpha}{2\pi} I_d \tag{3-9}$$

$$I_{VD_R} = \sqrt{\frac{1}{2\pi}\int_{\pi}^{2\pi+\alpha} I_d^2 \mathrm{d}(\omega t)} = \sqrt{\frac{\pi + \alpha}{2\pi}} I_d \tag{3-10}$$

晶闸管移相范围为 0～180°，其承受的最大正反向电压为 u_2 的峰值均为$\sqrt{2}U_2$。续流二极管承受的电压为$-u_d$，其最大反向电压为$\sqrt{2}U_2$，亦为 u_2 的峰值，正向的电压一直为 0V。

单相半波可控整流电路的单输出脉动大，变压器二次侧电流中含直流分量，造成变压器铁心直流磁化，为使变压器铁心不饱和，需增大铁心截面积，增大了设备的容量。该电路的实际应用较少，分析该电路的主要目的在于为后续的电路打下基础。

3. 单相半波可控整流电路仿真分析

利用 Multisim 仿真单相半波整流电路输出的电压图形是十分方便的，$\alpha = 20°$时阻性负载的输出电压的波形如图 3.5 所示。

3.1.2 单相桥式全控整流电路

在单相可控整流电路中，单相桥式全控整流电路是应用较多的，电路如图 3.6 所示，所接负载分为电阻负载、阻感性负载和反向感应电动势负载。

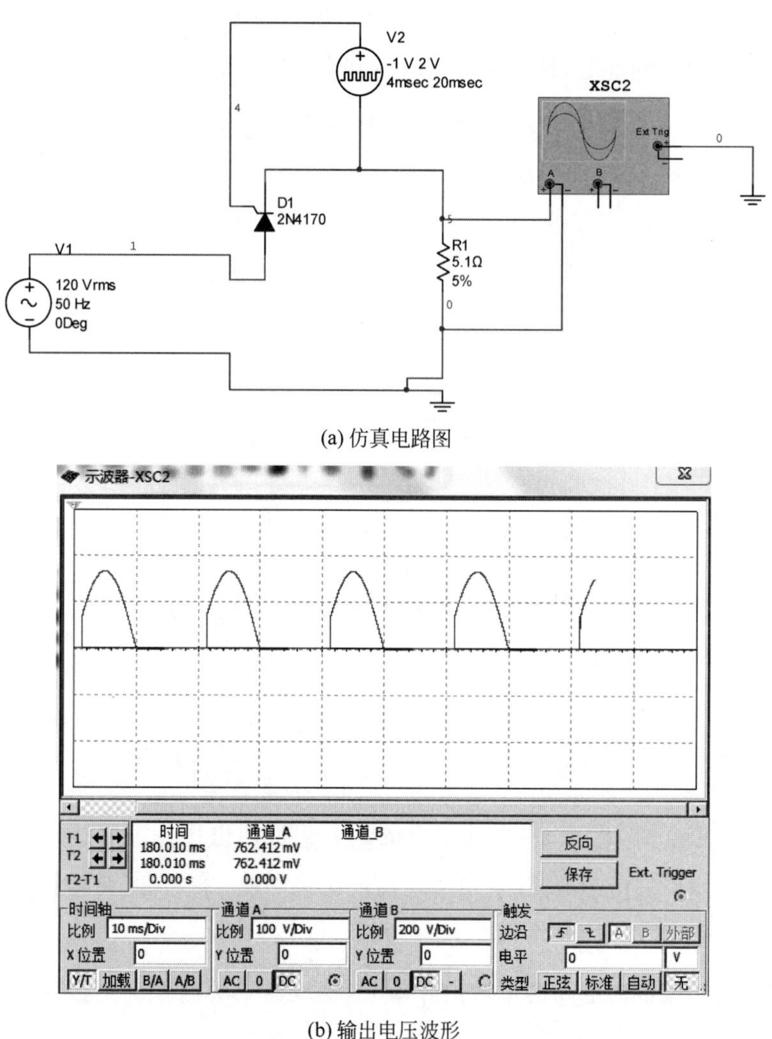

(a) 仿真电路图

(b) 输出电压波形

图 3.5 单相半波带电阻负载仿真电路及输出电压波形

1. 带电阻负载的工作情况

由 4 个晶闸管构成了单相桥式全控整流电路中的桥,晶闸管 VT_1 和 VT_4 组成一对桥臂,VT_2 和 VT_3 组成另一对桥臂。在 u_2 正半周(即 a 点电位高于 b 点电位),4 个晶闸管均不导通,负载无电流流过,即 i_d 为零,u_d 也为零,VT_1、VT_4 串联承受电源电压 ,设 VT_1 和 VT_4 的漏电阻相等,则各承受 u_2 的一半。若在触发角 α 处给 VT_1 和 VT_4 加触发脉冲,VT_1 和 VT_4 即全部导通,电流从电源 a 端经 VT_1、R、VT_4 流回电源 b 端。当 u_2 过零时,流经晶闸管的电流也将为零,VT_1 和 VT_4 关断。

在 u_2 负半周期，仍在触发角 α 处触发 VT_2 和 VT_3（VT_2 和 VT_3 的 $\alpha=0$ 位于 $\omega t=\pi$ 处），VT_2 和 VT_3 导通，电流从电源 b 端流出，经 VT_2、R、VT_3 流回电源 a 端。当 u_2 过零，为正半周期时，流经晶闸管的电流也将为零，VT_2 和 VT_3 关断。半周期后，又是导通，如此循环地工作下去，整流电压 u_d 和晶闸管 VT_1、VT_4 两端电压波形分别如图 3.6 所示。晶闸管承受的最大正向电压和反向电压分别为 $\frac{\sqrt{2}}{2}U_2$ 和 $\sqrt{2}U_2$。

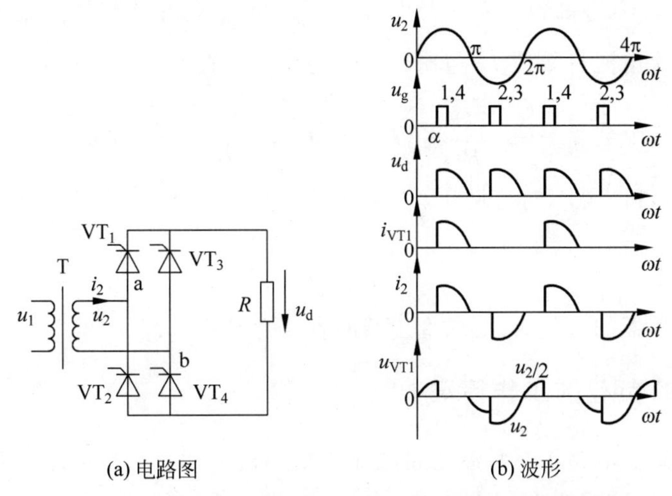

(a) 电路图　　(b) 波形

图 3.6　单相桥式全控整流电路带电阻负载时的电路及波形

无论交流电源的正半周期还是负半周期，负载两端都有电流流过，故该电路为全波整流。在 u_2 一个周期内，整流电压波形脉动 2 次，脉动次数是半波整流电路的 2 倍，该电路属于双脉波整流电路。变压器二次绕组中，正负两个半周电流方向相反且波形对称，平均值为零，即直流分量为零，如图 3.6 所示，不存在变压器直流磁化问题，变压器绕组的利用率也高。

整流电压的平均值为

$$U_d=\frac{1}{\pi}\int_{\alpha}^{\pi}\sqrt{2}U_2\sin\omega t\,\mathrm{d}(\omega t)$$

$$=\frac{2\sqrt{2}U_2}{\pi}\frac{(1+\cos\alpha)}{2}=0.9U_2\frac{1+\cos\alpha}{2} \tag{3-11}$$

式中，当 $\alpha=0°$ 时，$U_d=U_{d0}=0.9U_2$；当 $\alpha=180°$ 时，$U_d=0$。可见，α 角的移相范围为 180°。

向负载输出的直流电流平均值为

$$I_d=\frac{U_d}{R}=\frac{2\sqrt{2}U_2}{\pi R}\frac{1+\cos\alpha}{2}=0.9\frac{U_2}{R}\frac{1+\cos\alpha}{2} \tag{3-12}$$

晶闸管 VT_1、VT_4 和 VT_2、VT_3 轮流导电，流过晶闸管的电流平均值只有输出直

流电流平均值的一半，即

$$I_{dVT}=\frac{I_d}{2}=0.45\frac{U_2}{R}\frac{1+\cos\alpha}{2} \tag{3-13}$$

为选择晶闸管、变压器容量、导线截面积等定额，需考虑发热问题，为此需计算电流有效值。流过晶闸管的电流有效值为

$$I_{VT}=\sqrt{\frac{1}{2\pi}\int_{\alpha}^{\pi}\left(\frac{\sqrt{2}U_2}{R}\sin\omega t\right)^2\mathrm{d}(\omega t)}=\frac{U_2}{\sqrt{2}R}\sqrt{\frac{1}{2\pi}\sin2\alpha+\frac{\pi-\alpha}{\pi}} \tag{3-14}$$

变压器二次电流有效值 I_2 与输出直流电流有效值 I 相等，为

$$I=I_2=\sqrt{\frac{1}{\pi}\int_{\alpha}^{\pi}\left(\frac{\sqrt{2}U_2}{R}\sin\omega t\right)^2\mathrm{d}(\omega t)}=\frac{U_2}{R}\sqrt{\frac{1}{2\pi}\sin2\alpha+\frac{\pi-\alpha}{\pi}} \tag{3-15}$$

由式(3-14)和式(3-15)可见

$$I_{VT}=\frac{1}{\sqrt{2}}I \tag{3-16}$$

不考虑变压器的损耗时，要求变压器的容量为 $S=U_2I_2$。

2. 带阻感负载的工作情况

桥式全控整流电路阻感负载电路图如图 3.7(a)所示。分析电感 L 的方法同于单相半波可控整流电路，假设电路已工作于稳态。在 U_2 正半周期，触发角 α 处给晶闸管 VT_1 和 VT_4 加触发脉冲使其开通，$u_d=u_2$。由于有电感存在使负载电流不能突变，电感对负载电流起平波作用，假设负载电感很大，负载电流 i_d 连续且波形近似为一水平线，其波形如图 3.7(b)所示。u_2 过零变负时，由于电感的作用晶闸管 VT_1 和 VT_4 中仍流过电流 i_d，并不关断。至 $\omega t=\pi+\alpha$ 时刻，给 VT_2 和 VT_3 加触发脉冲，因 VT_2 和 VT_3 本已承受正电压，故两管导通。VT_2 和 VT_3 导通后，u_2 通过 VT_2 和 VT_3 分别向 VT_1 和 VT_4 施加反压使 VT_1 和 VT_4 关断，流过 VT_1 和 VT_4 的电流迅速转移到 VT_2 和 VT_3 上，此过程称为换相，亦称为换流。至下一周期重复上述过程，如此循环下去，u_d 波形如图 3.7(b)所示，其平均值为

$$U_d=\frac{1}{\pi}\int_{\alpha}^{\pi+\alpha}\sqrt{2}U_2\sin\omega t\,\mathrm{d}(\omega t)=\frac{2\sqrt{2}}{\pi}U_2\cos\alpha=0.9U_2\cos\alpha \tag{3-17}$$

当 $\alpha=0°$时，$U_d=U_{d0}=0.9U_2$。$\alpha=90°$时，$U_d=0$。可见，α 角的移相范围为 90°。

单相桥式全控整流电路带阻感负载时，晶闸管 VT_1、VT_4 两端的电压波形如图 3.7(b)所示，晶闸管承受的最大正反向电压均为$\sqrt{2}U_2$。晶闸管导通角 θ 与 α 无关，均为 180°，其电流波形如图 3.7(b)所示，平均值和有效值分别为 $I_{dVT}=\frac{1}{2}I_d$ 和 $I_{VT}=\frac{1}{\sqrt{2}}I_d=0.707I_d$。

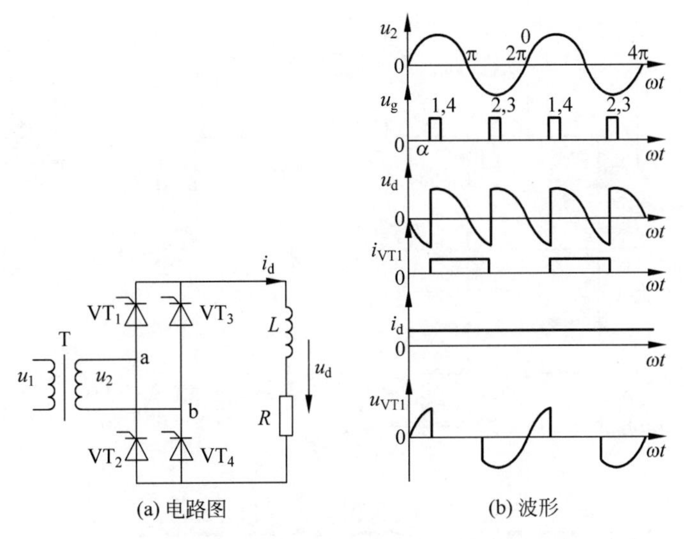

图 3.7　单相桥式全控整流电路带电感负载时的电路及波形

3. 带反电动势负载时的工作情况

反电动势负载指的是负载为蓄电池、直流电动机的电枢(忽略其中的电感)等时。如图 3.8(a)所示,下面着重分析反电动势-电阻负载时的情况。

当忽略主电路各部分的电感时,只有在 u_2 瞬时值的绝对值大于反电动势即 $|u_2|>E$ 时,才有晶闸管承受正电压,有导通的可能。晶闸管导通之后,$u_d=u_2$,$i_d=\dfrac{u_d-E}{R}$,直至 $|u_2|=E$,i_d 即降至 0 使得晶闸管关断,此后 $u_d=E$。

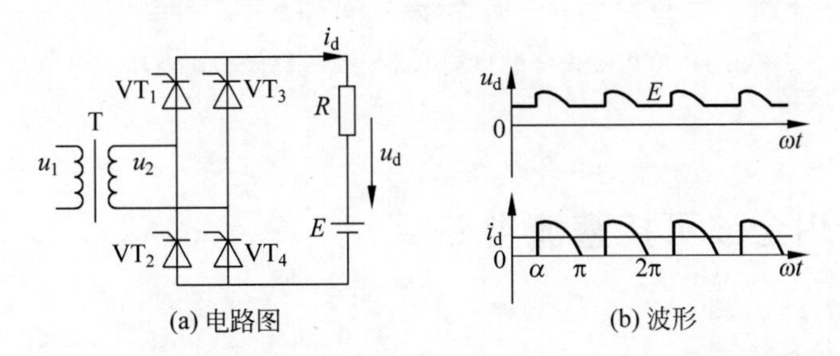

图 3.8　单相桥式全控整流电路接反动势-电阻负载时的电路及波形

4. 电路仿真

利用 Multisim 仿真单相桥式全控整流电路输出的电压图形,如图 3.9 所示为 $\alpha=45°$时阻性负载的输出电压的波形。

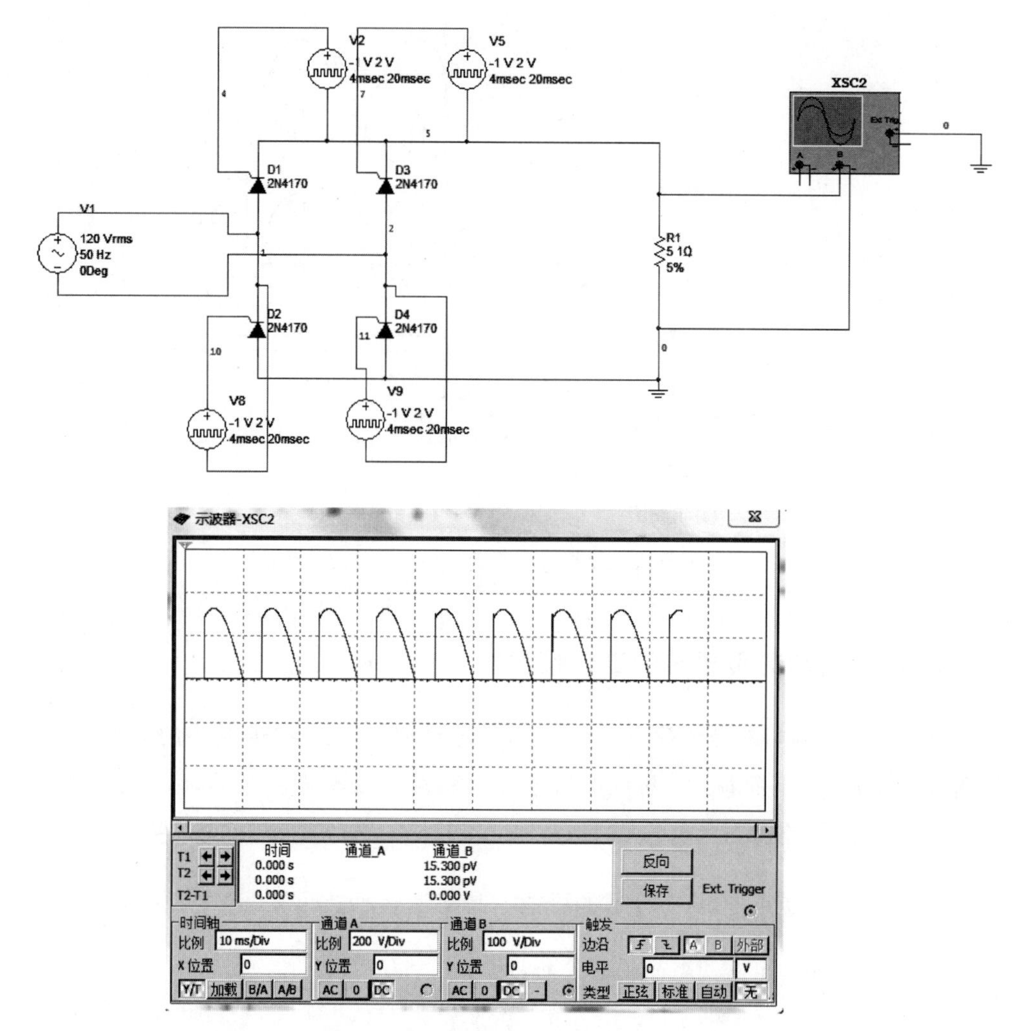

图 3.9 单相桥式全控整流电路仿真电路及输出电压波形

3.1.3 单相全波可控整流电路

1. 电路分析

单相可控整流电路中较为实用的一种双半波可控整流电路除了单相桥式全控整流电路之外，还有一个就是单相全波可控整流电路，其带电阻负载时的电路如图 3.10(a)所示。

在单相全波可控整流电路中，电源侧变压器 T 带中心抽头，在电源 u_2 正半周，晶

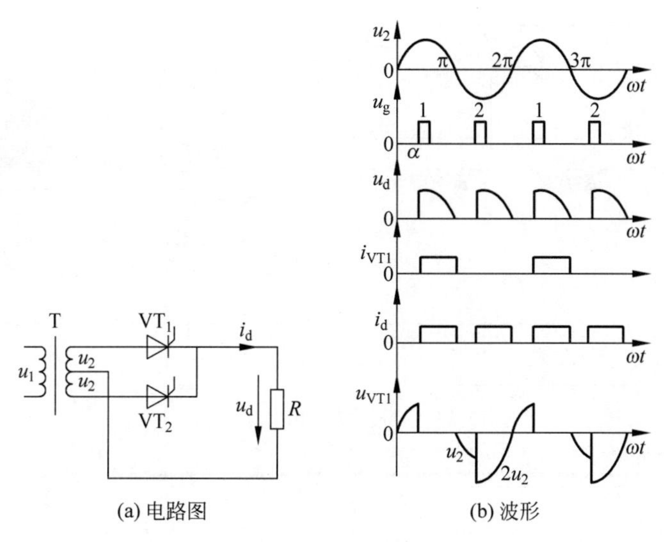

图 3.10　单相全波可控整流电路及波形

闸管 VT_1 工作，变压器二次绕组上半部分流过电流。在电源 u_2 负半周，晶闸管 VT_2 工作，变压器二次绕组下半部分流过反方向的电流。图 3.10(b)给出了 u_d 波形。由波形可知，单相全波可控整流电路的 u_d 波形与单相全控桥的一样，交流输入端电流波形一样，变压器也不存在直流磁化的问题。当接其他负载时，也有相同的结论。因此，单相全波与单相全控桥从直流输出端或从交流输入端看均是基本一致的。两者的区别如下：

(1) 单相全波可控整流电路中变压器的二次绕组带中心抽头，结构较复杂。绕组及铁心对铜、铁等材料的消耗比单相全控桥多，在当今世界上有色金属资源有限的情况下，这是不利的。

(2) 单相全波可控整流电路中只用 2 个晶闸管，比单相全控桥式可控整流电路少 2 个，相应地，晶闸管的门极驱动电路也少 2 个；但是在单相全波可控整流电路中，晶闸管承受的最大电压为 $2\sqrt{2}U_2$，是单相全控桥式整流电路的 2 倍。

(3) 单相全波可控整流电路中，导电回路只含 1 个晶闸管，比单相桥少 1 个，因而也少了一次管压降。

从上述(2)、(3)考虑，单相全波电路适宜于在低输出电压的场合应用。

2. 电路仿真

利用 Multisim 仿真单相桥式全波整流电路输出的电压图形，$\alpha=45°$时阻性负载的输出电压的波形如图 3.11 所示。

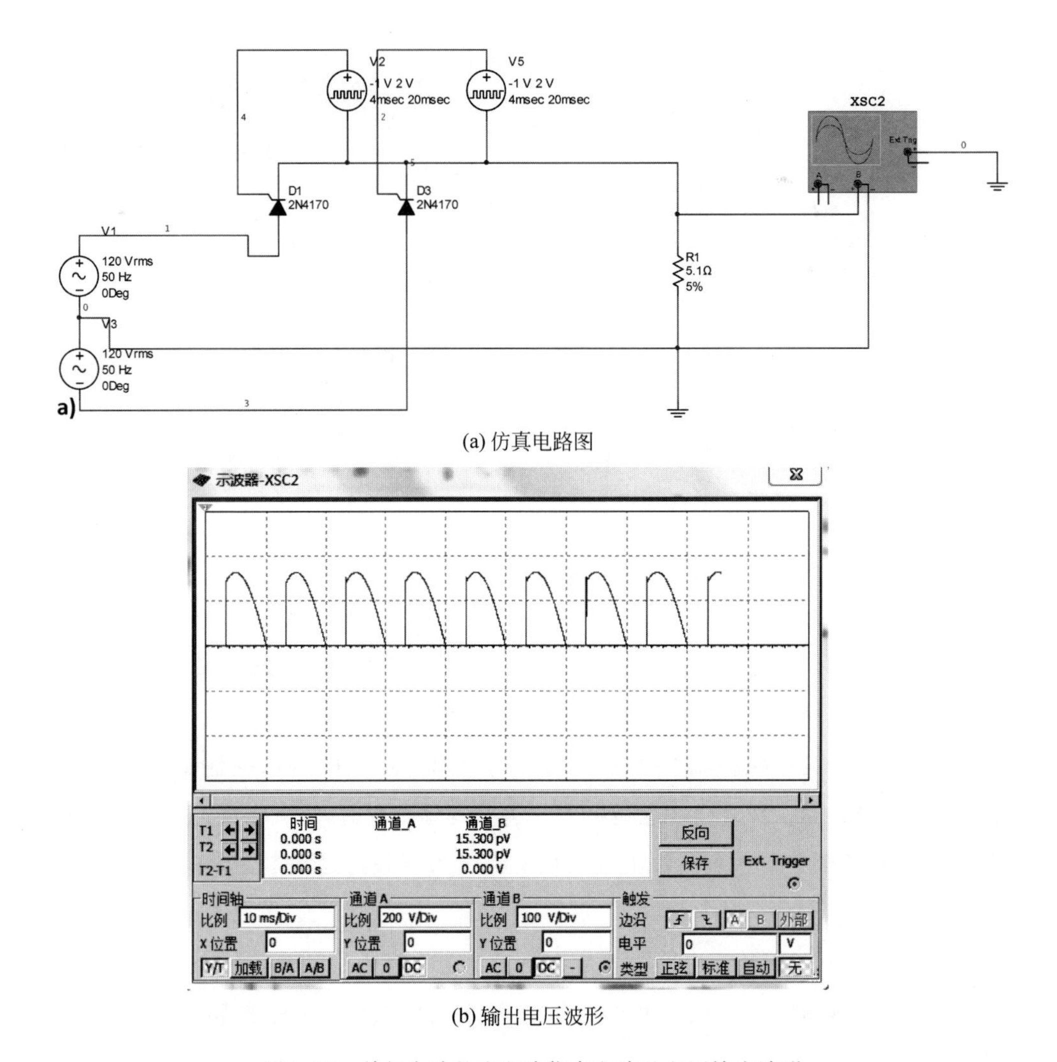

(a) 仿真电路图

(b) 输出电压波形

图 3.11　单相全波整流电路仿真电路及电压输出波形

3.1.4　单相桥式半控整流电路

单相桥式全控整流电路中的每一个导电回路中有 2 个晶闸管，即用 2 个晶闸管同时导通以控制导电的回路。实际上为了对每个导电回路进行控制，只需一个晶闸管就可以了，另一个晶闸管可以用二极管代替，从而简化整个电路。因此把图 3.7(a)中的晶闸管 VT_2、VT_4 换成二极管 VD_2、VD_4 即成为如图 3.12(a)所示的单相桥式半控整流电路(先不考虑 VD_R)。半控电路与全控电路在电阻负载时的工作情况相同，这里无须讨论。以下针对电感负载进行讨论。

电感电路分析方法与全控桥时相似,假设负载中电感很大,且电路已工作于稳态。在电源 u_2 正半周,触发角 α 处给晶闸管 VT_1 加触发脉冲,u_2 经晶闸管 VT_1 和二极管 VD_4 向负载 L 和 R 供电。u_2 过零变负时,因电感作用使电流连续,电流通过 VT_1 继续导通。但因 a 点电位低于 b 点电位,使得电流从 VD_4 转移至 VD_2,同时 VD_4 关断,电流不再流经变压器二次绕组,而是由 VT_1 和 VD_2 续流。此阶段,忽略器件的通态压降,则 $u_d=0$,不像全控桥电路那样出现 u_d 为负的情况。

同理,在 u_2 负半周触发角 α 时刻触发 VT_3,VT_3 导通,则向 VT_1 加反压使之关断,u_2 经 VT_3 和 VD_2 向负载供电。u_2 过零变正时,VD_4 导通,VD_2 关断。VT_3 和 VD_4 续流,u_d 又为零。此后重复以上过程。

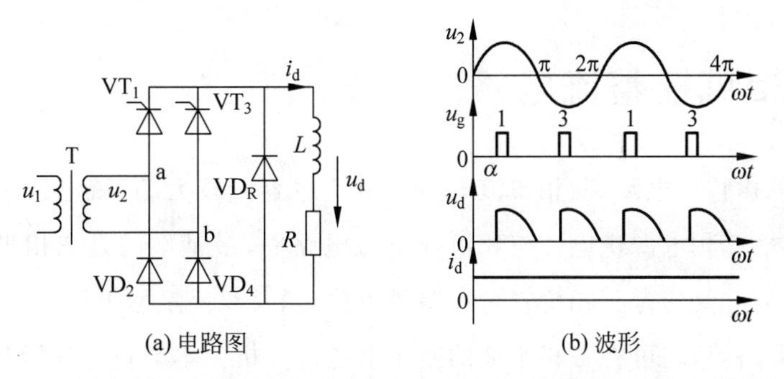

图 3.12 单相桥式半控整流电路,有续流二极管,阻感负载时的电路及波形

为了防止出现失控现象,在该电路实用中需加设续流二极管 VD_R,如图 3.12(a)所示。实际运行中,若无续流二极管,则当 α 突然增大至180°或触发脉冲丢失时,由于电感储能不经变压器二次绕组释放,只是消耗在负载电阻上,会发生一个晶闸管持续导通而两个二极管轮流导通的情况,这使 u_d 成为正弦半波,即半周期 u_d 为正弦,另外半周期 u_d 为零,其平均值保持恒定,相当于单相半波不可控整流电路时的波形,该现象称为失控。例如,当 VT_1 导通时切断触发电路,则当 u_2 变负时,由于电感的作用,负载电流由 VT_1 和 VD_2 续流,当 u_2 又为正时,因 VT_1 是导通的,u_2 又经 VT_1 和 VD_4 向负载供电,出现失控现象。

如图 3.12 所示,有续流二极管 VD_R 时,续流过程由 VD_R 完成,在续流阶段所有晶闸管关断,这就避免了某一个晶闸管持续导通从而导致失控的现象。同时,续流期间导电回路中只有一个管压降,少了一次管压降,有利于降低损耗。

有续流二极管时电路中各部分的波形如图 3.12(b)所示。

抑制失控的单相桥式半控整流电路的另一种接法如图 3.13 所示,相当于把图 3.6 (a)中的 VT_3 和 VT_4 换为二极管 VD_3 和 VD_4,这样可以省去续流二极管

VD_R,续流由 VD_3 和 VD_4 来实现。这种接法的两个晶闸管阴极电位不同,二者的触发电路需要隔离。

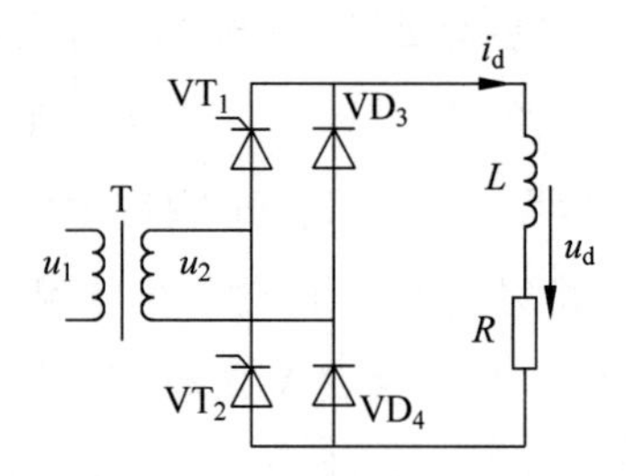

图 3.13 单相桥式半控整流电路的另一接法

3.2 三相可控整流电路

相对于单相整流电路,三相整流电路具有负载容量较大、直流电压脉动较小的优点,其交流侧由三相电源供电。三相可控整流电路中,最基本的是三相半波可控整流电路,应用最为广泛的是三相桥式全控整流电路,以及双反星形可控整流电路、十二脉波可控整流电路等,均可在三相半波的基础上进行分析。本节首先分析三相半波可控整流电路,然后分析三相桥式全控整流电路。

3.2.1 三相半波可控整流电路

1. 电阻负载

三相半波可控整流电路如图 3.14(a)所示。交流电源侧采用△-Y接法,这样二次侧有零线,并且避免 3 次谐波电流流入电网。三个晶闸管分别接入 a、b、c 三相电源,它们的阴极连接在一起,称为共阴极接法,这种接法触发电路有公共端,连线方便。

分析方法同单相,首先假设将电路中的晶闸管换作二极管,并用 VD 表示,该电路就成为三相半波不可控整流电路。此时,共阴极连接的三个二极管对应的相电压中哪一个的值最大,则该相所对应的二极管导通,并使另两相的二极管承受反压关断,输出整流电压即为该相的相电压,波形如图 3.14(b)～(f)所示。

在一个周期中,器件工作情况如下:在 $\omega t_1 \sim \omega t_2$ 中,a 相电压最高,VD_1 导通,$u_d = u_a$;在 $\omega t_2 \sim \omega t_3$ 中,b 相电压最高,VD_2 导通,$u_d = u_b$;在 $\omega t_3 \sim \omega t_4$ 中,c 相电压最高,VD_3 导通,$u_d = u_c$。此后,在下一周期相当于 ωt_1 的位置即 ωt_4 时刻,VD_1 又导通,重

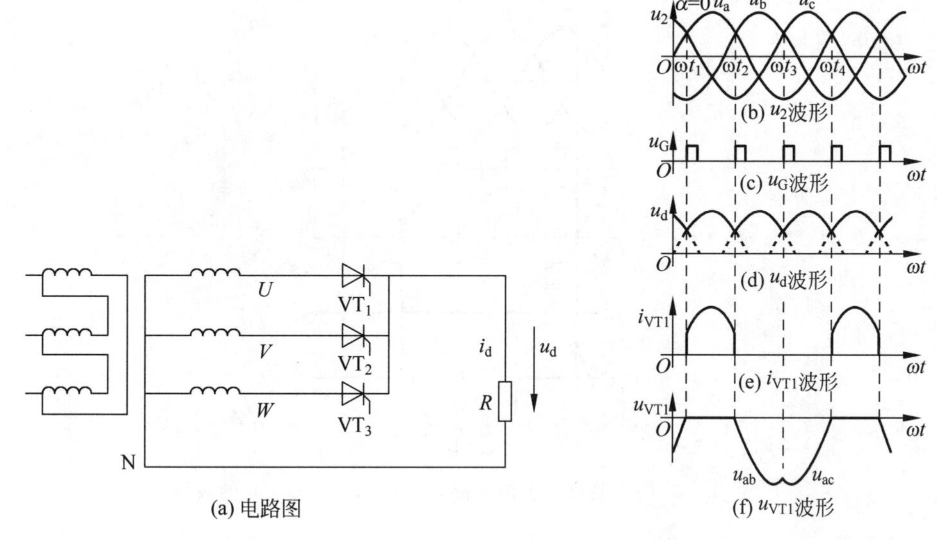

图 3.14　三相半波可控整流电路共阴极接法，电阻负载时的电路及 $\alpha=0°$时的波形

复前一周期的工作情况。如此，一周期中 VD_1、VD_2、VD_3 轮流导通，每管各导通 120°。u_d 波形为三个相电压在正半周期的包络线。

自然换相点指的是，在相电压的交点 ωt_1、ωt_2、ωt_3 处，均出现了二极管换相，即电流由一个二极管向另一个二极管转移，称这些交点为自然换相点。对晶闸管电路而言，自然换相点是各相晶闸管能触发导通的最早时刻，将其作为计算各晶闸管触发角 α 的起点，即 $\alpha=0°$，要改变触发角只能是在此基础上增大，即沿时间坐标轴向右移。若在自然换相点处触发相应的晶闸管导通，则电路的工作情况与以上分析的二极管整流工作情况一样。回顾 3.1 节的单相可控整流电路可知，各种单相可控整流电路的自然换相点是变压器二次电压 u_2 的过零点。

VT_1 两端的电压波形如图 3.13(f)所示，共由 3 段组成：第 1 段，VT_1 导通期间，管压降为 0，可近似为 $u_{VT1}=0$；第 2 段，在 VT_1 关断后，VT_2 导通期间，$u_{VT1}=u_a-u_b=u_{ab}$ 为一段线电压；第 3 段，在 VT_3 导通期间，$u_{VT1}=u_a-u_c=u_{ac}$ 为另一段线电压，即晶闸管电压由一段管压降和两段线电压组成。由图可见，$\alpha=0°$时，晶闸管承受的两段线电压均为负值，随着 α 增大，晶闸管承受的电压中正的部分逐渐增多。其他两管上的电压波形形状相同，相位依次差 120°。

增大 α 值，是将触发脉冲后移，整流电路的工作情况相应地发生变化。

图 3.15 是 $\alpha=30°$时的波形。从输出电压、电流的波形可看出，这时负载电流处于连续和断续的临界状态，各相仍导电 120°。

在 $\alpha>30°$之后，出现波形断续，例如 $\alpha=60°$时，整流电压的波形如图 3.16 所示，

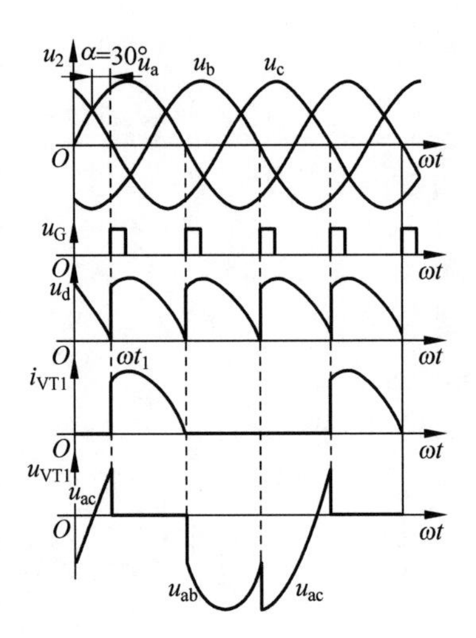

图 3.15　三相半波可控整流电路，电阻负载，$\alpha=30°$时的波形

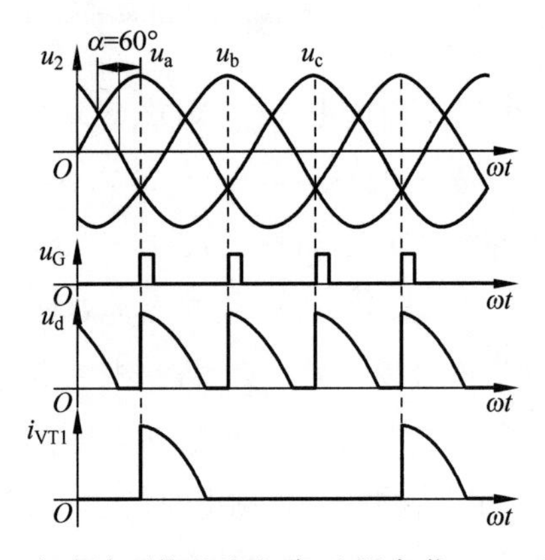

图 3.16　三相半波可控整流电路，电阻负载，$\alpha=60°$时的波形

当导通一相的相电压过零变负时，该相晶闸管关断。此时下一相晶闸管虽承受正电压，但它的触发脉冲还未到，不会导通，因此输出电压电流均为零，直到触发脉冲出现为止。这种情况下，负载电流断续，各晶闸管导通角为 90°，小于 120°。

若 α 角继续增大，整流电压将越来越小，$\alpha=150°$时，整流输出电压为 0。故电阻负载时 α 角的移相范围为 150°。

由于电压波形分为了连续和断续两种状态，整流电压平均值的计算分两种情况：

(1) $\alpha\leqslant30°$时，负载电流连续，有

$$U_d=\frac{1}{\frac{2\pi}{3}}\int_{\frac{\pi}{6}+\alpha}^{\frac{5\pi}{6}+\alpha}\sqrt{2}U_2\sin\omega t\,d(\omega t)=\frac{3\sqrt{6}}{2\pi}U_2\cos\alpha=1.17U_2\cos\alpha \tag{3-18}$$

式中，当 $\alpha=0°$时，U_d 最大，为 $U_d=U_{d0}=1.17U_2$。

(2) $\alpha>30°$时,负载电流断续,晶闸管导通角减小,此时有

$$U_d=\frac{1}{\frac{2\pi}{3}}\int_{\frac{\pi}{6}+\alpha}^{\pi}\sqrt{2}U_2\sin\omega t\,d(\omega t)=\frac{3\sqrt{2}}{2\pi}U_2\left[1+\cos\left(\frac{\pi}{6}+\alpha\right)\right]$$

$$=0.675U_2\left[1+\cos\left(\frac{\pi}{6}+\alpha\right)\right] \tag{3-19}$$

负载电流平均值均为

$$I_d=\frac{U_d}{R} \tag{3-20}$$

晶闸管承受的最大反向电压,由图3.15不难看出为变压器二次线电压峰值,即

$$U_{RM}=\sqrt{2}\times\sqrt{3}U_2=\sqrt{6}U_2=2.45U_2 \tag{3-21}$$

由于晶闸管阴极与零线间的电压即为整流输出电压 u_d,其最小值为零,而晶闸管阳极与零线间的最高电压等于变压器二次相电压的峰值,因此晶闸管阳极与阴极间的最大正向电压等于变压器二次相电压的峰值,即

$$U_{FM}=\sqrt{2}U_2 \tag{3-22}$$

2. 阻感负载

如果负载为阻感负载,且 L 值很大,由于电感的储能作用,整流电流 i_d 的波形基本是平直的,流过晶闸管的电流接近矩形波,如图3.17(b)所示。

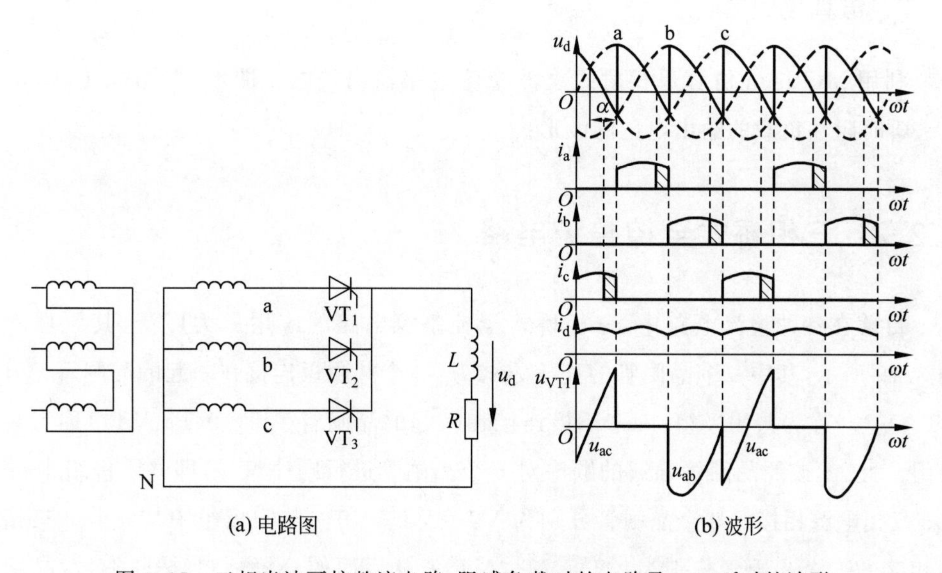

图3.17 三相半波可控整流电路,阻感负载时的电路及 $\alpha=60°$时的波形

当 $\alpha \leqslant 30°$ 时，整流电压波形与电阻负载时相同，因为两种负载情况下，负载电流均连续。

当 $\alpha > 30°$ 时，例如 $\alpha = 60°$ 时，当 u_2 过零时，由于电感的存在，阻止电流下降，因而 VT_1 继续导通，直到下一相晶闸管 VT_2 的触发脉冲到来，才发生换流，由 VT_2 导通向负载供电，同时向 VT_1 施加反压使其关断。这种情况下 u_d 波形中出现负的部分，若 α 增大，u_d 波形中负的部分将增多，波形如图 3.17(b)所示。至 $\alpha = 90°$ 时，u_d 波形中正负面积相等，u_d 的平均值为零。可见阻感负载时 α 的移相范围为 90°。

由于负载电流连续，U_d 可由式(3-18)求出，即

$$U_d = 1.17U_2\cos\alpha$$

变压器二次电流即晶闸管电流的有效值为

$$I_2 = I_{VT} = \frac{1}{\sqrt{3}}I_d = 0.577I_d \tag{3-23}$$

由此可求出晶闸管的额定电流为

$$I_{VT(AV)} = \frac{I_{VT}}{1.57} = 0.368I_d \tag{3-24}$$

晶闸管两端电压波形如图 3.17(b)所示，由于负载电流连续，因此晶闸管最大正反向电压峰值均为变压器二次线电压峰值，即

$$U_{FM} = U_{RM} = 2.45U_2 \tag{3-25}$$

3. 仿真电路

利用 Multisim 仿真单相桥式全波整流电路输出的电压图形，如图 3.18 所示为 $\alpha = 30°$ 时阻性负载的输出电压的波形。

3.2.2 三相桥式全控整流电路

目前在各种整流电路中，三相桥式全控整流电路的应用最为广泛，其原理图如图 3.19 所示，其中 6 个晶闸管的连接方式为：3 个共阴极连接在一起的晶闸管（VT_1、VT_3、VT_5）称为共阴极组；3 个阳极连接在一起的晶闸管（VT_2、VT_4、VT_6）称为共阳极组。此外，按照晶闸管导通的顺序对 6 个晶闸管进行顺序编号，即共阴极组中与 a、b、c 三相电源相接的 3 个晶闸管分别为 VT_1、VT_3、VT_5，共阳极组中与 a、b、c 三相电源相接的 3 个晶闸管分别为 VT_4、VT_6、VT_2。从后面的分析可知，按此编号，晶闸管的导通顺序为 VT_1-VT_2-VT_3-VT_4-VT_5-VT_6。

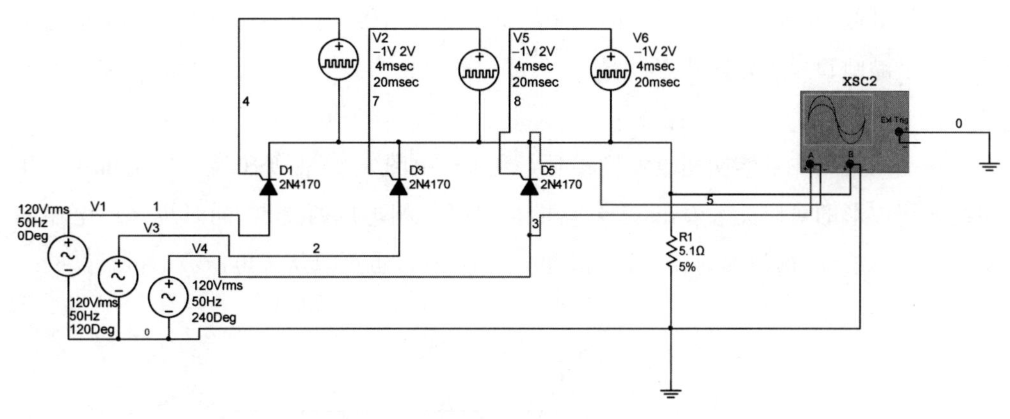

(a) 仿真电路图

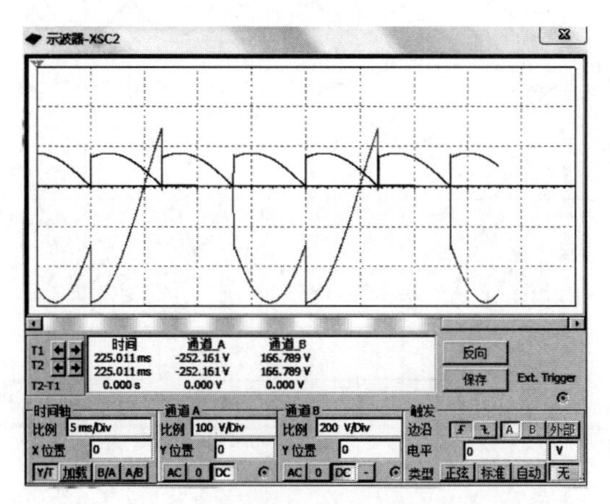

(b) 输出电压波形

图 3.18　单相全波整流电路仿真电路及输出电压波形

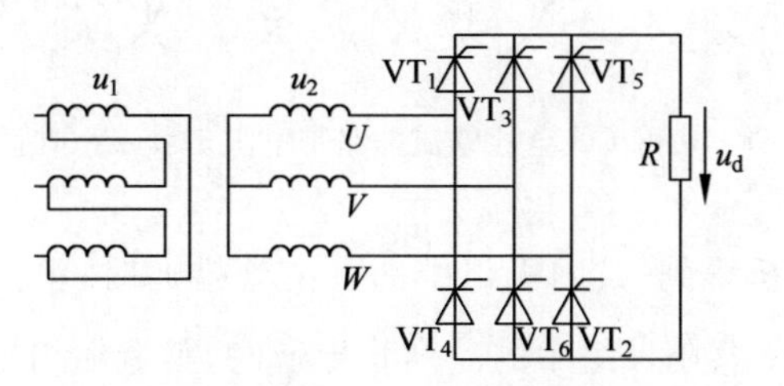

图 3.19　三相桥式全控整流电路原理图

1. 带电阻负载时的工作情况

分析方法类似于三相半波可控整流电路，假设将电路中的6个晶闸管换作二极管，这种情况也就相当于晶闸管触发角 $\alpha=0°$ 时的情况。所以，共阴极组的3个晶闸管，阳极所接交流电压值最高的一个导通。共阳极组的3个晶闸管，则是阴极所接交流电压值最低(或者说负得最多)的一个导通。这样,任意时刻共阳极组和共阴极组中各有 1 个晶闸管处于导通状态,施加于负载上的电压为某一线电压。此时电路工作波形如图 3.20 所示。

各晶闸管均在自然换相点处换相时,$\alpha=0°$。由图 3.20 中变压器二次绕组相电压与线电压波形的对应关系看出,各自然换相点既是相电压的交点,同时也是线电压的交点。在分析 u_d 的波形时,既可从相电压波形分析,也可以从线电压波形分析。

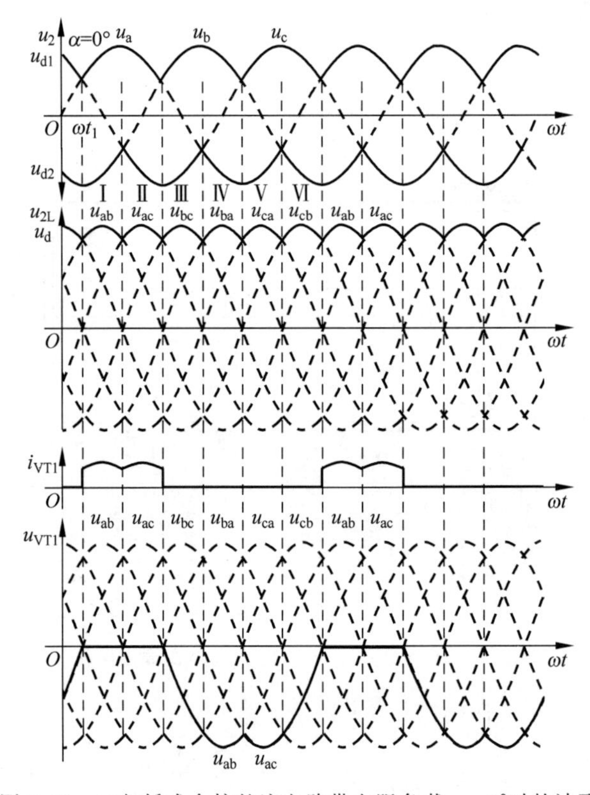

图 3.20 三相桥式全控整流电路带电阻负载 $\alpha=0°$时的波形

从相电压图形分析得到,共阴极组中的晶闸管导通时,整流输出电压 u_{d1} 为相电压在正半周的包络线;共阳极组中的晶闸管导通时,整流输出电压 u_{d2} 为相电压在负半周的包络线,总的整流输出电压 $u_d=u_{d1}-u_{d2}$ 是两条包络线间的差值,将其对应到线电压波形上,即为线电压在正半周的包络线。

对应从相电压分析来看,直接从线电压波形看,由于共阴极组中处于通态的晶闸管对应的是最大(正得最多)的相电压.而共阳极组中处于通态的晶闸管对应的是最小(负得最多)的相电压,输出整流电压 u_d 为这两个相电压相减,是线电压中最大的一个,因此输出整流电压 u_d 波形为线电压在正半周期的包络线。

根据晶闸管导通、关断的变化情况，将波形中的一个周期等分为6段，每段为60°，如图3.20所示，每一段中导通的晶闸管及输出整流电压的情况如表3.1所示。由该表可见，6个晶闸管的导通顺序为VT_1-VT_2-VT_3-VT_4-VT_5-VT_6。

表3.1 三相桥式全控整流电路电阻负载$\alpha=0°$时晶闸管工作情况

时 段	Ⅰ	Ⅱ	Ⅲ	Ⅳ	Ⅴ	Ⅵ
共阴极组中导通的晶闸管	VT_1	VT_1	VT_3	VT_3	VT_5	VT_5
共阳极组中导通的晶闸管	VT_6	VT_2	VT_2	VT_4	VT_4	VT_6
整流输出电压u_d	$u_a-u_b=u_{ab}$	$u_a-u_c=u_{ac}$	$u_b-u_c=u_{bc}$	$u_b-u_a=u_{ba}$	$u_c-u_a=u_{ca}$	$u_c-u_b=u_{cb}$

从触发角$\alpha=0°$时的情况可以总结出三相桥式全控整流电路的一些特点如下：

(1) 每个时刻均需2个晶闸管同时导通，形成向负载供电的回路，其中1个晶闸管是共阴极组的，1个是共阳极组的，且不能为同1相的晶闸管。

(2) 对触发脉冲的要求：6个晶闸管的脉冲按VT_1-VT_2-VT_3-VT_4-VT_5-VT_6的顺序，相位依次差60°；共阴极组VT_1、VT_3、VT_5的脉冲依次差120°，共阳极组VT_4、VT_6、VT_2也依次差120°；同一相的上下两个桥臂，即VT_1与VT_4，VT_3与VT_6，VT_5与VT_2，脉冲相差180°。

(3) 整流输出电压u_d一周期脉动6次，每次脉动的波形都一样，故该电路为6脉波整流电路。

(4) 在整流电路合闸启动过程中或电流断续时，为确保电路的正常工作，需保证同时导通的2个晶闸管均有触发脉冲。为此，可采用两种方法：一种是使脉冲宽度大于60°(一般取80°～100°)，称为宽脉冲触发。另一种方法是，在触发某个晶闸管的同时，给序号紧前的一个晶闸管补发脉冲。即用两个窄脉冲代替宽脉冲，两个窄脉冲的前沿相差60°，脉宽一般为20°～30°，称为双脉冲触发。双脉冲电路较复杂，但要求的触发电路输出功率小。宽脉冲触发电路虽可少输出一半脉冲，但为了不使脉冲变压器饱和，需将铁心体积做得较大，绕组匝数较多，导致漏感增大，脉冲前沿不够陡，对于晶闸管串联使用不利。虽可用去磁绕组改善这种情况，但又使触发电路复杂化。因此，常用的是双脉冲触发。

(5) 当$\alpha=0°$时晶闸管承受的电压波形如图3.20所示。图中仅给出VT_1的电压波形。将此波形与三相半波时图3.14中的VT_1电压波形比较可见，两者是相同的，晶闸管承受最大正、反向电压的关系也与三相半波时一样。

以晶闸管VT_1为例，VT_1流过电流i_{VT1}的波形如图3.20所示，由此波形可以看出，晶闸管一周期中有120°处于通态，240°处于断态，由于负载为电阻，故晶闸管处于通态时的电流波形与相应时段的 u_d 波形相同。

随着触发角 α 改变,电路的工作情况将发生变化。$\alpha=30°$时的波形如图 3.21 所示。从 ωt_1 角开始把一个周期等分为 6 段,每段为 60°。与 $\alpha=0°$时的情况相同,一周期中 u_d 波形仍由 6 段线电压构成,每一段导通晶闸管的编号等仍符合表 3-1 的规律。区别在于,晶闸管起始导通时刻推迟了 30°,组成 u_d 的每一段线电压因此推迟 30°,u_d 平均值降低。晶闸管电压波形也相应发生变化,如图 3.21 所示。图中同时给出了变压器二次侧 a 相电流 i_a 的波形,该波形的特点是,在 VT_1 处于通态的 120°期间,i_a 为正,i_a 波形的形状与同时段的 u_d 波形相同,在 VT_4 处于通态的 120°期间,i_a 波形的形状也与同时段的 u_d 波形相同,但为负值。

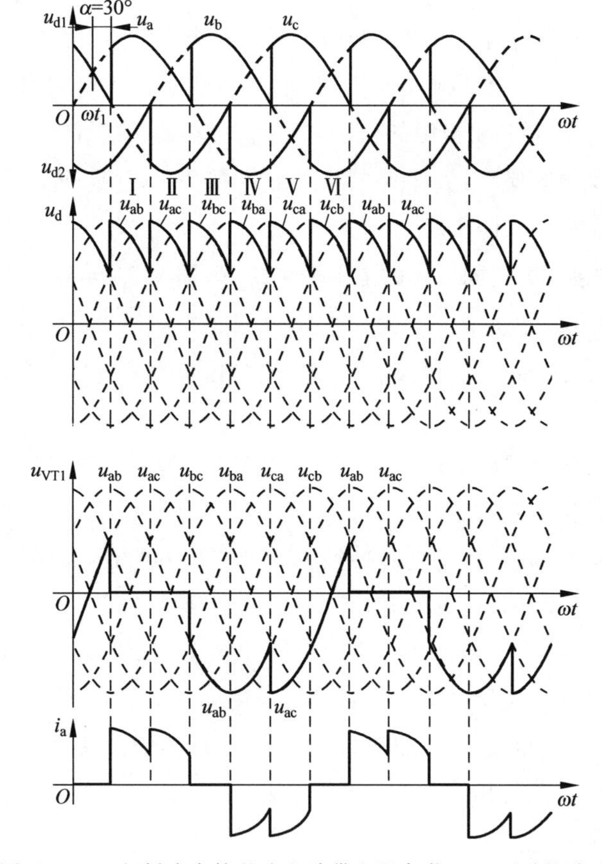

图 3.21 三相桥式全控整流电路带电阻负载 $\alpha=30°$时的波形

当 $\alpha=60°$时的波形如图 3.22 所示,电路工作情况仍可对照表 3-1 分析。u_d 波形中每段线电压的波形继续向后移,u_d 平均值继续降低。$\alpha=60°$时 u_d 出现了为零的点,所以 $\alpha=60°$是波形连续的临界点。

由以上分析可见，当 $\alpha \leqslant 60°$ 时，u_d 波形均连续，对于电阻负载，i_d 波形与 u_d 波形的形状是一样的，也连续。

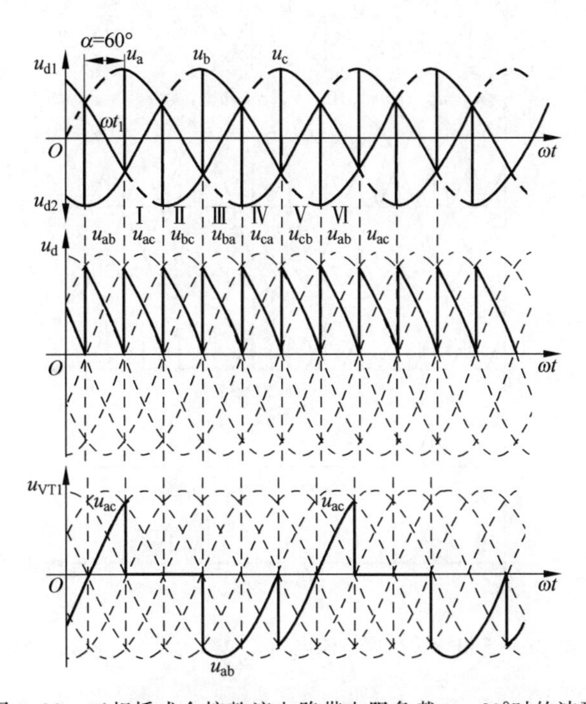

图 3.22 三相桥式全控整流电路带电阻负载 $\alpha=60°$ 时的波形

当 $\alpha>60°$ 时，如 $\alpha=90°$ 时电阻负载情况下的工作波形如图 3.23 所示，此时 u_d 波形每 60°中有 30°为零，由于是电阻负载，电压与电流波形呈正比，一旦电压 u_d 降至零，电流 i_d 也降至零，流过晶闸管的电流 i_{VT1} 即降至零，晶闸管关断，输出整流电压 u_d 为零，因此 u_d 波形不能出现负值。图 3.23 中还给出了晶闸管电流和变压器二次电流的波形。

随着触发角继续增大至 120°，整流输出电压 u_d 波形将全为零，其平均值也为零，可见带电阻负载时三相桥式全控整流电路 α 角的移相范围是 120°。

2. 阻感负载时的工作情况

三相桥式全控整流电路反电动势阻感负载供电(即用于直流电机传动)是三相桥式全控整流电路阻感负载基础上进行分析的，对于带反电动势阻感负载的情况，只需在阻感负载的基础上掌握其特点，即可把握其工作情况。

当波形连续即当 $\alpha \leqslant 60°$ 时，电路的工作情况与带电阻负载时十分相似，各晶闸管的通断情况、输出整流电压 u_d 波形、晶闸管承受的电压波形等都一样。区别在于负载不同时，同样的整流输出电压加到负载上，得到的负载电流 i_d 波形不同，电阻负载时

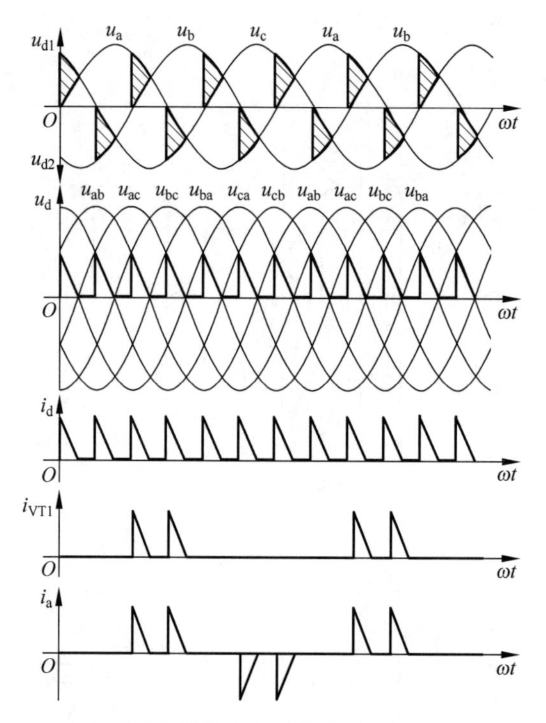

图 3.23 三相桥式全控整流电路带电阻负载 $\alpha=90°$时的波形

i_d 波形与 u_d 的波形形状一样。而阻感负载时，由于电感的作用，使得负载电流波形变得平直，当电感足够大的时候，负载电流的波形可近似为一条水平线。图 3.24 和图 3.25 分别给出了三相桥式全控整流电路带阻感负载 $\alpha=0°$和 $\alpha=30°$时的波形。

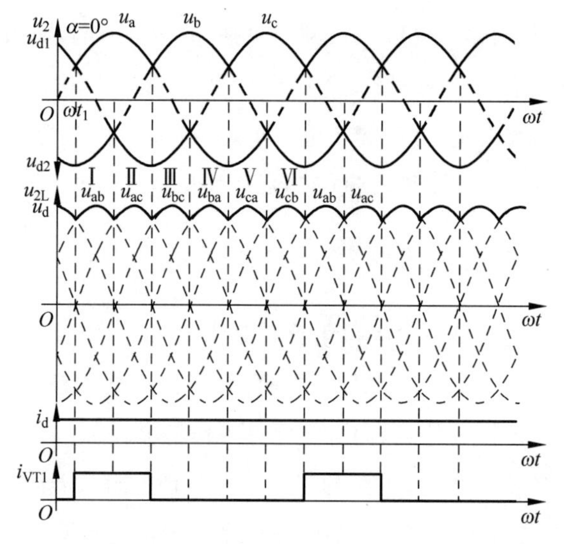

图 3.24 三相桥式全控整流电路带阻感负载 $\alpha=0°$时的波形

晶闸管 VT_1 电流 i_{VT1} 的波形如图 3.24 所示，与图 3.20 带电阻负载时的情况进行比较。由于电感的储能作用，当晶闸管 VT_1 导通时，i_{VT1} 波形由负载电流 i_d 波形决定，是其一部分，和 u_d 波形不同。

图 3.25 中除给出 u_d 波形和 i_d 波形外，还给出了变压器二次侧 a 相电流 i_a 的波形，可与图 3.21 带电阻负载时的情况进行比较。

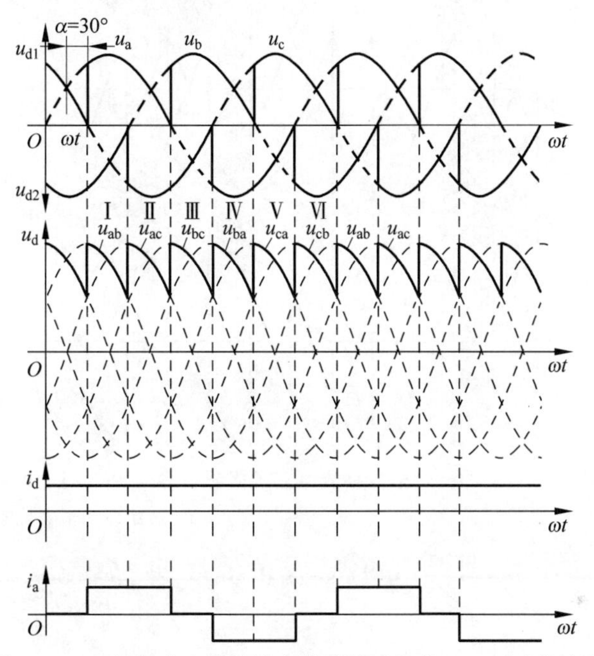

图 3.25　三相桥式全控整流电路带阻感负载 $\alpha=30°$ 时的波形

在波形断续时，当 $\alpha>60°$ 时，阻感负载时的工作情况与电阻负载时不同，电阻负载时 u_d 波形不会出现负的部分，而阻感负载时，由于电感 L 的作用，晶闸管继续导通，u_d 波形会进入负半周。$\alpha=90°$ 时的波形如图 3.26 所示。若电感 L 值足够大，u_d 中正负面积将基本相等，u_d 平均值近似为零。这表明，带阻感负载时，三相桥式全控整流电路的 α 角移相范围为 90°。

3. 定量分析

整流输出电压 u_d 的波形在一周期内脉动 6 次，且每次脉动的波形相同，因此在计算其平均值时，只需对一个脉波（即 1/6 周期）进行计算即可。此外，以线电压的过零点为时间坐标的零点，于是可得当整流输出电压连续时（即带阻感负载时或带电阻负载 $\alpha\leqslant 60°$ 时）的平均值为

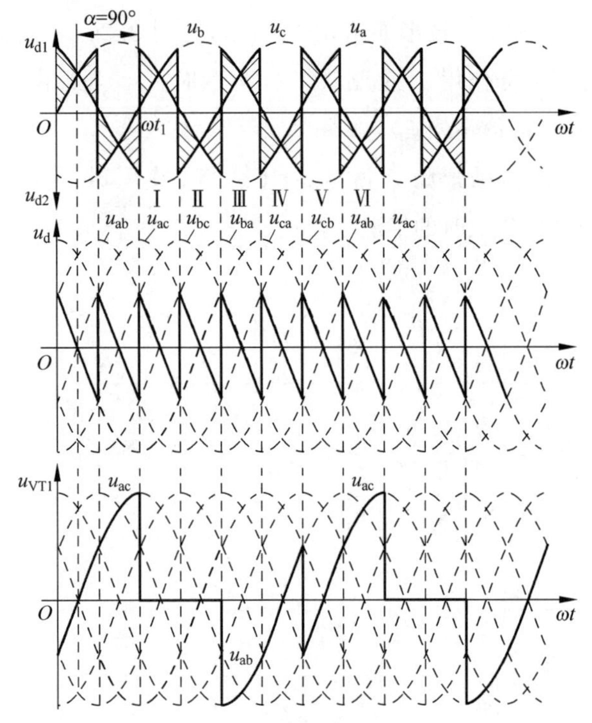

图 3.26 三相桥式全控整流电路带阻感负载 $\alpha=90°$时的波形

$$U_d=\frac{1}{\frac{\pi}{3}}\int_{\frac{\pi}{3}+\alpha}^{\frac{2\pi}{3}+\alpha}\sqrt{6}U_2\sin\omega t\,d(\omega t)=2.34U_2\cos\alpha \tag{3-26}$$

带电阻负载且 $\alpha>60°$时，整流电压平均值为

$$U_d=\frac{3}{\pi}\int_{\frac{\pi}{3}+\alpha}^{\pi}\sqrt{6}U_2\sin\omega t\,d(\omega t)=2.34U_2\left[1+\cos\left(\frac{\pi}{3}+\alpha\right)\right] \tag{3-27}$$

输出电流平均值为 $I_d=U_d/R$。

当整流变压器为图 3.19 中所示采用星形联结，带阻感负载时，变压器二次侧电流波形如图 3.24 中所示，为正负半周各宽 120°、前沿相差 180°的矩形波，其有效值为

$$I_2=\sqrt{\frac{1}{2\pi}\left(I_d^2\times\frac{2}{3}\pi+(-I_d)^2\times\frac{2}{3}\pi\right)}=\sqrt{\frac{2}{3}}I_d=0.816I_d \tag{3-28}$$

晶闸管电压、电流等的定量分析与三相半波时一致。

三相桥式全控整流电路接反电动势阻感负载时，在负载电感足够大足以使负载电流连续的情况下，电路工作情况与电感性负载时相似，电路中各处电压、电流波形均相同，仅在计算 I_d 时有所不同，接反电动势阻感负载时的 I_d 为

$$I_d=\frac{U_d-E}{R} \tag{3-29}$$

式中，R 和 E 分别为负载中的电阻值和反电动势的值。

4. 电路仿真

利用 Multisim 仿真单相桥式全波整流电路输出的电压图形。如图 3.27 所示为 $\alpha=45°$时阻性负载的输出电压波形。

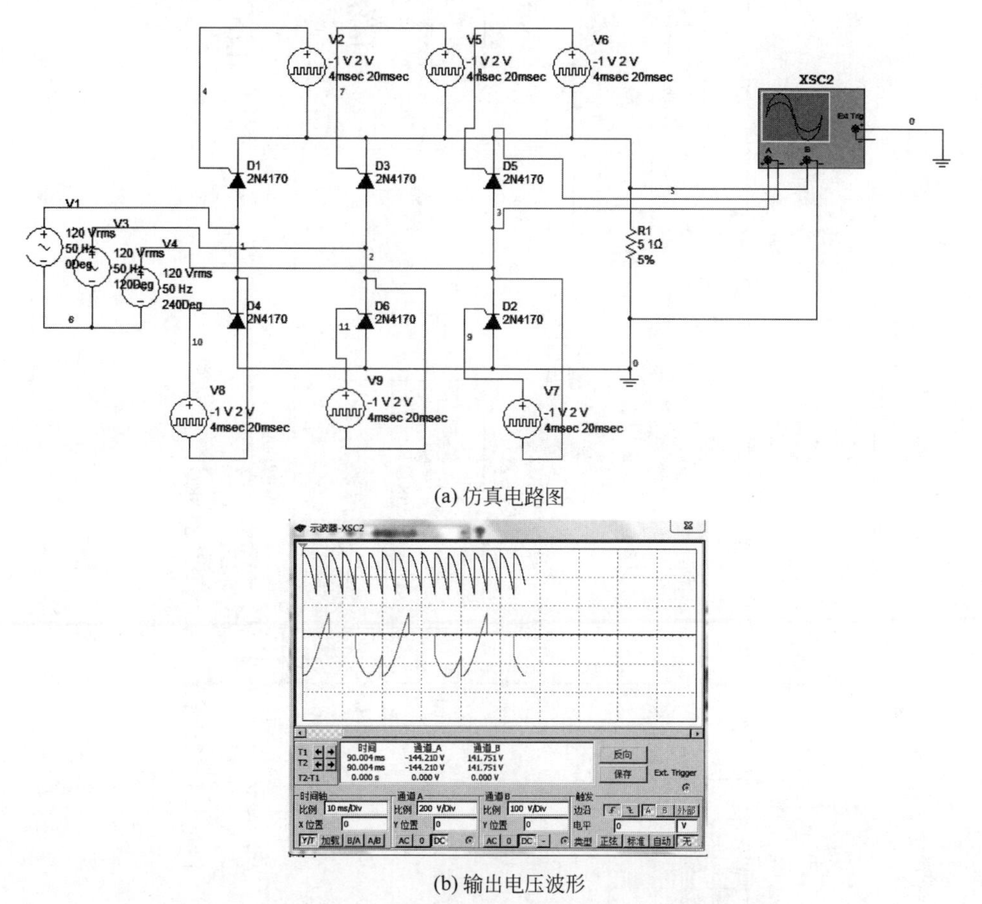

(a) 仿真电路图

(b) 输出电压波形

图 3.27　三相桥式全控整流电路仿真电路及电压输出波形

知识拓展

针对目前手机的广泛使用，运用所学的 AC/DC 整流电路的知识，将由交流电源提供的交流电 220V 转变成手机所能接受的直流电 5V2A。

设计方案：此处介绍新型 RCC 式开关，主要电路图如图 3.28 所示。交流市电经过整流滤波变为直流电，直流电通过启动电路使开关管 M_1 导通，在自激振荡电路的作用下开关管 M_1 导通时变压器存储能量，开关管 M_1 关断时由于反激变换的作用开始

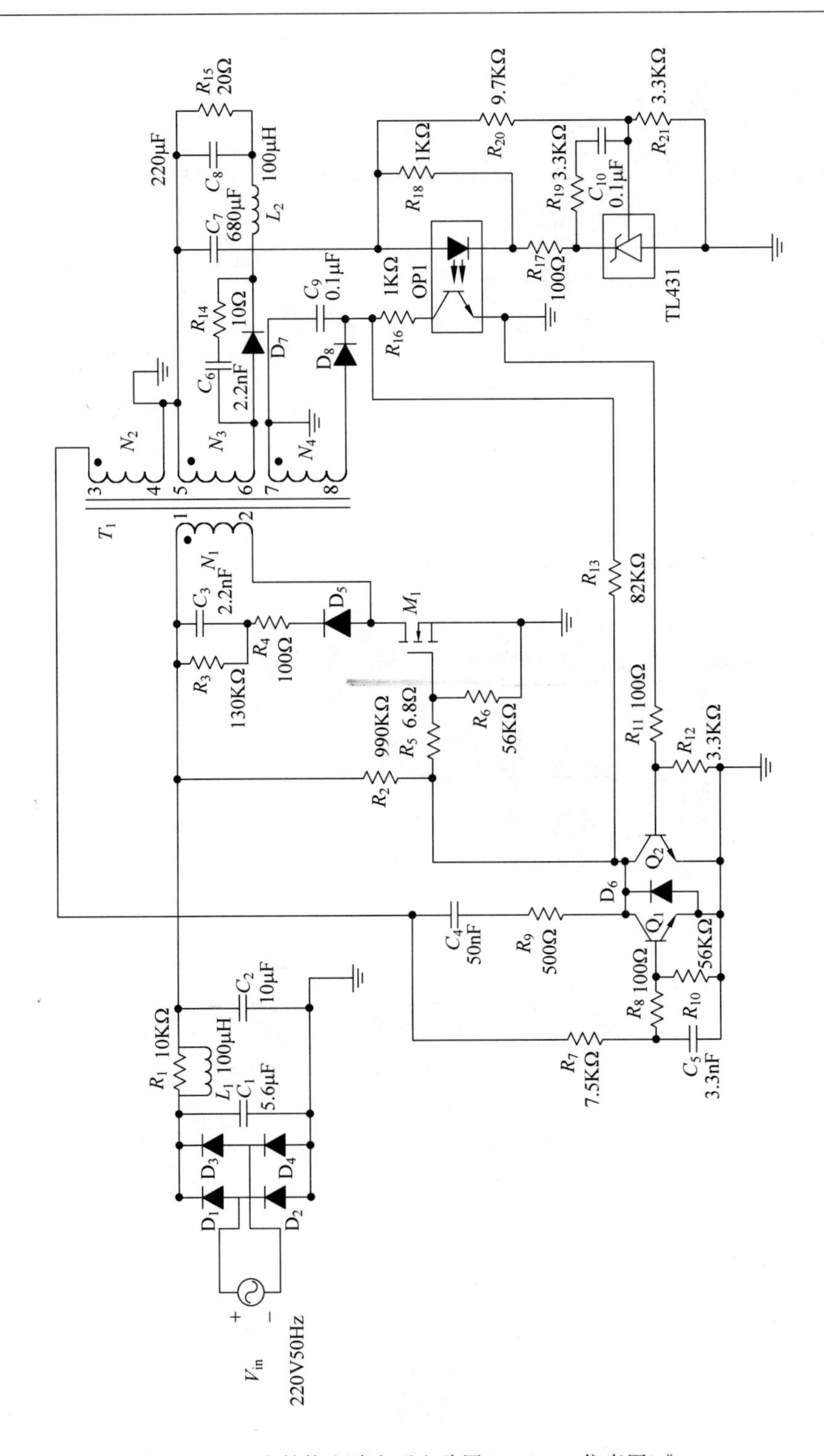

图 3.28 主结构电路主要电路图(Multism 仿真图)*

* 此图为仿真图,为与软件一致,电路符号未改为国标,标注的字母也未作修改,请读者注意。

向输出电路传递能量。自激振荡频率由负载电流的变化而变化维持输出电流的恒定。新型 RCC 式开关电源电路通过对电容的充放电来实现自激振荡，当输出电路电压升高超过额定电压时，阻塞反馈电路通过对输出电压的采样反馈使开关管 M_1 停振，从而阻止能量的继续传递从而降低输出电压，当输出电压降低到额定电压时，阻塞反馈电路停止工作，开关管 M_1 继续自激振荡并且通过反激变换从而向输出电路传递能量，从而达到调节输出电压使其稳定。

具体反激过程是：开关管 M_1 导通后，变压器 T_1 原边绕组 1 产生(1 正 2 负)电动势，此时同名端为正，电流流过原边绕组将能量储存在绕组上。由于互感 T_1 辅助绕组 2 驱动正反馈也产生(3 正 4 负)感应电动势，T_1 辅助绕组 4 辅助电源产生(7 正 8 负)感应电动势，T_1 辅助绕组 3 输出端产生(5 正 6 负)感应电动势。正反馈辅助绕组使开关管 M_1 更加导通，通过反激变换的作用使二极管 D_7、D_8 截止。当开关管 M_1 关断后，原边绕组为了维持原来电流产生感生电动势，原边绕组电压反相(2 正 1 负)，原边通过 D_5、R_4、R_3、C_3 组成环路。

本章小结

将交流转变为直流的电路称为整流电路，可控整流电路在生产中应用广泛。掌握常用的可控整流电路的工作原理、特点与分析方法是本章的重点，也是学习其他类型线路的基础。学习本章时，要抓住相控整流电路是通过改变晶闸管的控制角 α 要点来进行整流输出电压调节的。单相全桥和三相全桥相控整流电路最为实用。

本章内容结构：

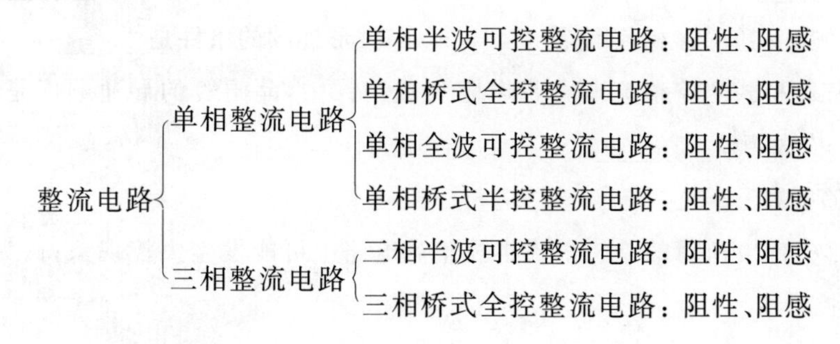

习题

一、填空题

1. 电阻负载的特点是________，在单相半波可控整流电阻性负载电路中，晶闸管

控制角 α 的最大移相范围是________。

2. 阻感负载的特点是________，在单相半波可控整流带阻感负载并联续流二极管的电路中，晶闸管承受的最大正反向电压均为________，续流二极管承受的最大反向电压为________（设 U_2 为相电压有效值）。

3. 单相桥式全控整流电路中，带纯电阻负载时，α 角移相范围为________，单个晶闸管所承受的最大正向电压和反向电压分别为________和________；带阻感负载时，α 角移相范围为________，单个晶闸管所承受的最大正向电压和反向电压分别为________和________。

4. 晶闸管内部具有________层半导体器件，有三个引出端，分别为：________、________、________。

5. 控制角是指________________________，用________表示；导通角是指________________________，用________表示。

6. 单相全波阻感负载的可控整流电路中，α 角移相范围为________，单个晶闸管所承受的最大正向电压和反向电压分别为________和________。

7. 电阻性负载三相半波可控整流电路中，晶闸管所承受的最大正向电压 UF_M 等于________，晶闸管控制角 α 的最大移相范围是________，使负载电流连续的条件为________（U_2 为相电压有效值）。

8. 三相半波可控整流电路中的三个晶闸管的触发脉冲相位按相序依次互差________，当它带阻感负载时，α 的移相范围为________。

9. 三相桥式全控整流电路带电阻负载工作中，共阴极组中处于通态的晶闸管对应的是________的相电压，而共阳极组中处于导通的晶闸管对应的是________的相电压；这种电路 α 角的移相范围是________，u_d 波形连续的条件是________。

10. 三相桥式全控整流电路带电阻负载工作中，晶闸管的导通顺序是________________，依次相差________。

二、简答题

1. 如图 3.29 所示的单相桥式半控整流电路中可能发生失控现象，何为失控，怎样抑制失控？

2. 作出单相半波可控整流电路在阻性和阻感性（L 足够大）负载下的 u_d、i_d、u_{VT1} 图形。

3. 作出单相全波可控整流电路在阻性和阻感性（L 足够大）负载下的 u_d、i_d、u_{VT1} 图形。

4. 作出单相桥式全控整流电路在阻性和阻感性（L 足够大）负载下的 u_d、i_d、u_{VT1}

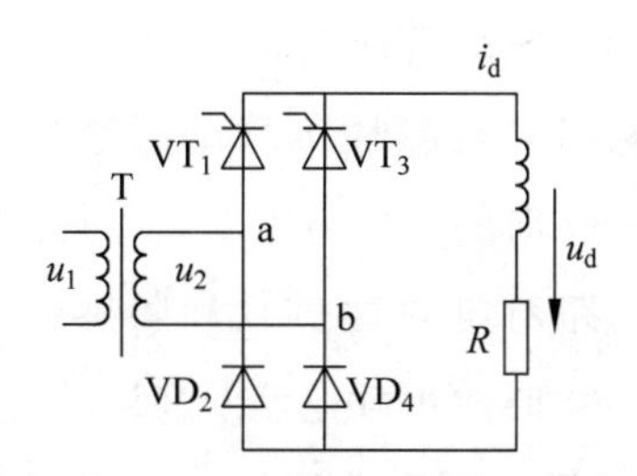

图 3.29 单相桥式半控整流电路

图形。

5. 作出单相桥式半控整流电路在阻性和阻感性(L 足够大)负载下的 u_d、i_d、u_{VT1} 图形。

6. 单相全波和单相桥式全控整流电路二者的区别是什么?

7. 单相半波可控整流电路中,如果:

(1) 晶闸管门极不加触发脉冲;

(2) 晶闸管内部短路;

(3) 晶闸管内部断开。

试分析上述三种情况负载两端电压 u_d 和晶闸管两端电压 u_{VT} 的波形。

8. 有两组三相半波可控整流电路,一组是共阴极接法,一组是共阳极接法,如果它们的触发角都是 α,那么共阴极组的触发脉冲与共阳极组的触发脉冲对同一相来说,例如都是 a 相,在相位上差多少度?

9. 在三相桥式全控整流电路中,电阻负载,如果有一个晶闸管不能导通,此时的整流电压 u_d 波形如何?

10. 单相桥式全控整流电路、三相桥式全控整流电路中,当负载分别为电阻负载或电感负载时,要求的晶闸管移相范围分别是多少?

11. 三相半波可控整流电路,阻性负感载中,$\alpha=60°$时,绘制出 u_d、i_d、u_{VT1} 的图形。

三、计算题

1. 单相半波可控整流电路对电阻性负载供电,$R=20\Omega$,$U_2=100\text{V}$,求当 $\alpha=0°$和 $\alpha=60°$时的负载电流 U_d、I_d。

2. 单相全波可控整流电路对电阻性负载和阻感性(L 足够大)供电,$R=20\Omega$,$U_2=100\text{V}$,求当 $\alpha=0°$和 $\alpha=60°$时的负载电流 U_d、I_d。

3. 单相桥式全控整流电路对电阻性负载和阻感性(L 足够大)供电,$R=20\Omega$,$U_2=100\text{V}$,求当 $\alpha=0°$和 $\alpha=60°$时的负载电流 U_d、I_d。

4. 单相桥式半控整流电路对电阻性负载和阻感性(L 足够大)供电,$R=20\Omega$,

$U_2=100\text{V}$,求当 $\alpha=0°$ 和 $\alpha=60°$ 时的负载电流 U_d、I_d。

5. 三相半波可控整流电路对电阻性负载和阻感性(L 足够大)供电,$R=20\Omega$,$U_2=100\text{V}$,求当 $\alpha=0°$ 和 $\alpha=60°$ 时的负载电流 U_d、I_d。

6. 三相桥式全控整流电路对电阻性负载和阻感性(L 足够大)供电,$R=20\Omega$,$U_2=100\text{V}$,求当 $\alpha=0°$ 和 $\alpha=60°$ 时的负载电流 U_d、I_d。

7. 图 3.30 为一种简单的舞台调光线路:

(1) 根据 u_d、u_G 波形分析电路调光工作原理;

(2) 说明 R_P、VD 及开关 Q 的作用;

(3) 求本电路晶闸管最小导通角 θ_{min}。

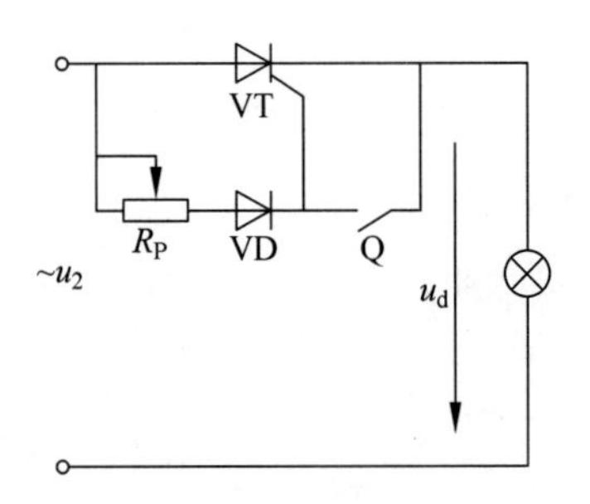

图 3.30 调光台灯线路图

第4章

斩波电路

学习目标与重点

- 掌握斩波电路的控制方式；
- 重点掌握降压斩波电路的基本工作原理和波形分析方法；
- 重点掌握升压斩波电路的基本工作原理和波形分析方法；
- 了解升降压斩波电路、Cuk 斩波电路、Sepic 斩波电路和 Zeta 斩波电路、复合斩波电路的工作方式。

关键术语

占空比；阻抗角；升压斩波；降压斩波；复合斩波

【应用导入】 如何控制电瓶车的驾驶速度？

众所周知，手动挡汽车靠变速箱和油门来控制驾驶速度，无级变速汽车靠无级变速箱和油门来控制驾驶速度；新型的电瓶车没有传统的变速箱和油门，那靠什么来控制驾驶速度呢？就是本章所要学习的直流调速的核心技术——斩波技术来实现的。

能实现将直流电变为另一固定电压或可调电压的直流电功能的电路是直流-直流变流电路，它包括两种变流电路：直接直流变流电路和间接直流变流电路。其中直接直流变流电路也称斩波电路，它的功能是将直流电变为另一固定电压或可调电压的直流电，一般是指直接将直流电变为另一直流电，这种情况下输入与输出之间不隔离。间接直流变流电路是在直流变流电路中增加了交流环节，在交流环节中通常采用变压器实现输入输出间的隔离，因此也称为带隔离的直流-直流变流电路或直-交-直电路。

4.1 降压斩波电路

4.1.1 降压斩波电路原理分析

降压斩波电路的原理图及工作波形如图 4.1 所示。该电路使用一个全控型器件 V，此处采用的是 IGBT，也可使用其他器件，若采用半控器件晶闸管，需要一个辅助电路实现晶闸管的关闭。图 4.1 中，为在 V 关断时给负载中电感电流提供通道，设置了续流二极管 VD。斩波电路主要用于电子电路的供电电源，也可拖动直流电动机或带蓄电池负载等，后两种情况下负载中均会出现反电动势，如图 4.1 中 E_m 所示。若负载中无反电动势时，只需令 $E_m=0$，以下的分析及表达式均可适用。

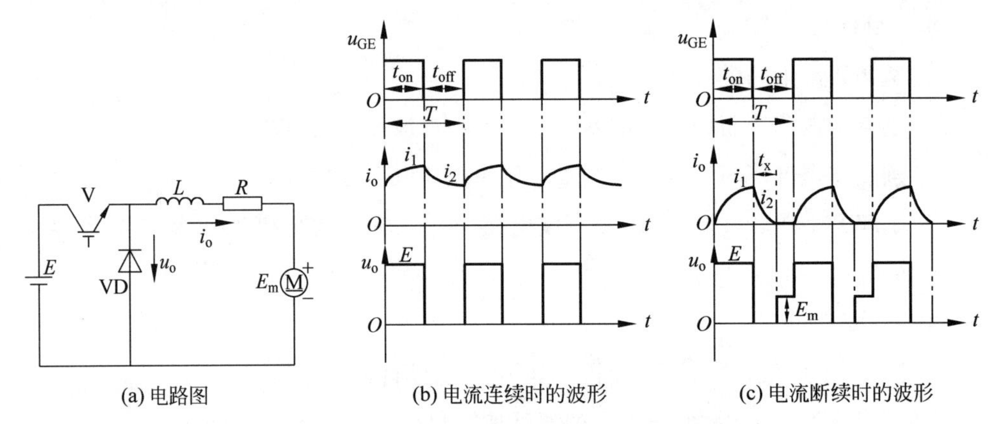

(a) 电路图　(b) 电流连续时的波形　(c) 电流断续时的波形

图 4.1　降压斩波电路的原理图及工作波形

如图 4.1(b)中 V 的栅射电压 u_{GE} 波形所示，在 $t=0$ 时刻驱动电力电子器件 V 导通，电源 E 向负载供电，此时负载电压 $u_o=E$，负载电流 i_o 从 0 开始按指数曲线上升。

当 $t=t_1$ 时刻，控制电力电子器件 V 关断，负载电压 u_o 近似为零，负载电流经二极管 VD 续流，负载电流呈指数曲线下降。为了使负载电流连续且脉动较小，通常使串联的电感 L 值较大。

至一个周期 T 结束，再次驱动 V 导通，重复上一周期的过程。当电路工作于稳态时，负载电流在一个周期的初值和终值相等，如图 4.1(b)所示。负载电压的平均值为

$$U_o=\frac{t_{on}}{t_{on}+t_{off}}E=\frac{t_{on}}{T}E=\alpha E \tag{4-1}$$

式中，t_{on} 为电力电子器件 V 处于通态的时间；t_{off} 为 V 处于断态的时间；T 为开关周期；α 为导通占空比，简称占空比或导通比。

由式(4-1)可知，当占空比 α 为 1 时，输出到负载的电压平均值 U_o 达到最大值为 E，减小占空比 α，U_o 随之减小。因此将该电路称为降压斩波电路。也有很多文献中直接使用其英文名称，称为 Buck 变换器。

负载电流平均值为

$$I_o=\frac{U_o-E_m}{R} \tag{4-2}$$

若负载中 L 值不是很大，在 V 关断后，到了 t_2 时刻，如图 4.1(c)所示，负载电流

已衰减至零，出现负载电流断续的情况。

由图4.1(b)、图4.1(c)可见，负载电压u_o平均值会被抬高，一般不希望出现电流断续的情况。

斩波电路可有三种控制方式，就是根据对输出电压平均值进行调制的方式不同判定的：

(1) 保持开关周期T不变，调节开关导通时间t_{on}，称为脉冲宽度调制或脉冲调宽型；

(2) 保持开关导通时间t_{on}不变，改变开关周期T，称为频率调制或调频型；

(3) t_{on}和T都可调，使占空比改变，称为混合型。

其中第(1)种方式应用最多。

【例4-1】 在图4.1(a)所示的降压斩波电路中，已知$E=200\text{V}$，$R=10\Omega$，L值极大，$E_m=30\text{V}$，$T=50\mu\text{s}$，$t_{on}=30\mu\text{s}$，计算输出电压平均值U_o，输出电流平均值I_o。

解：由于L值极大，故负载电流连续，于是输出电压平均值为

$$U_o=\frac{t_{on}}{T}E=\frac{30\times 200}{50}=120(\text{V})$$

输出电流平均值为

$$I_o=\frac{U_o-E_m}{R}=\frac{120-30}{10}=9(\text{A})$$

【例4-2】 在图4.1(a)所示的降压斩波电路中，$E=200\text{V}$，$L=1\text{mH}$，$R=0.5\Omega$，$E_m=20\text{V}$，采用脉宽调制控制方式，$T=20\mu\text{s}$，当$t_{on}=5\mu\text{s}$时，计算输出电压平均值U_o，输出电流平均值I_o，计算输出电流的最大和最小值的瞬时值并判断负载电流是否连续。

解：由已知条件，可得

$$m=\frac{E_m}{E}=\frac{20}{100}=0.2$$

$$\tau=\frac{L}{R}=\frac{0.001}{0.5}=0.002$$

当$t_{on}=5\mu\text{s}$时，有

$$\rho=\frac{T}{\tau}=0.01$$

$$\alpha\rho=0.0025$$

由于

$$\frac{e^{\alpha\rho}-1}{e^{\rho}-1}=\frac{e^{0.0025}-1}{e^{0.01}-1}=0.249>m$$

所以输出电流连续。

此时输出电压平均值为

$$U_o=\frac{t_{on}}{T}E=\frac{100\times 5}{20}=25(\mathrm{V})$$

输出电流平均值为

$$I_o=\frac{U_o-E_m}{R}=\frac{25-20}{0.5}=10(\mathrm{A})$$

4.1.2 降压斩波电路仿真分析

利用 Multisim 仿真降压斩波电路输出的电压、电流图形是十分方便的,本节将介绍利用 Multisim 根据不同负载值得到不同的输出电压、电流波形,如图 4.2~图 4.4 所示。

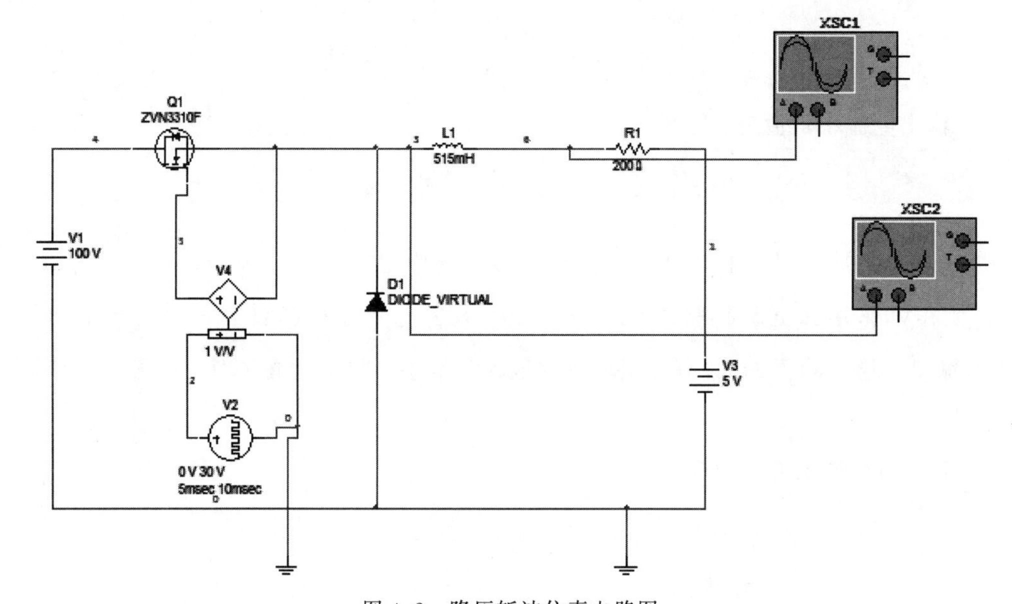

图 4.2 降压斩波仿真电路图

如图 4.2 所示,选取电感 $L=515\mathrm{mH}$,电阻 $R=200\Omega$,此时示波器的输出波形如图 4.3 所示。

由图 4.3 可知,$t_s\leqslant t_{off}$,所以此电路中电感值不是很大,电流有断续时间,此时输出电压值大小为 E 与 E_m。

选取电感 $L=5\mathrm{H}$,电阻 $R=200\Omega$,此时示波器的输出波形如图 4.4 所示。

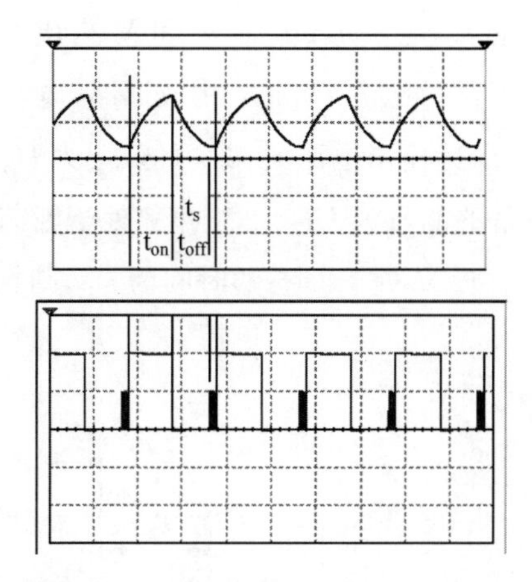

图 4.3 降压斩波电路仿真输出电流、电压波形(L 值较小)

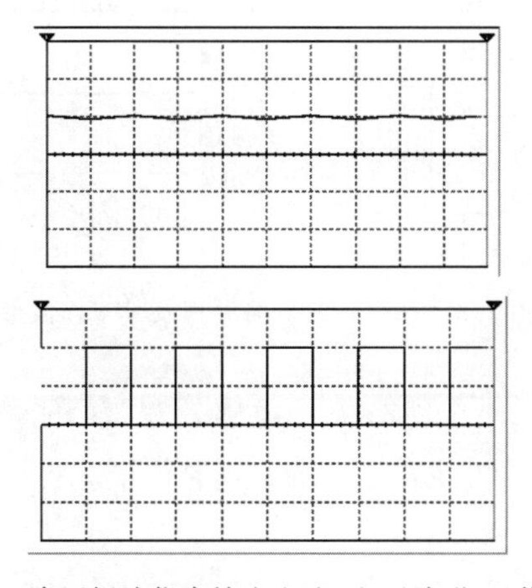

图 4.4 降压斩波仿真输出电流、电压波形(L 值较大)

由图 4.4 可知,$t_s = t_{off}$,所以此电路中电感值很大,电流全部连续,此时输出电压值大小为 E。

4.2 升压斩波电路

4.2.1 升压斩波电路原理分析

升压斩波电路的原理图及工作波形如图 4.5 所示。该电路中也是使用一个全控型器件。

分析升压斩波电路的工作原理时,首先假设电路中电感 L 值很大,电容 C 值也很大。当可控开关V处于通态时，电源E、电感L和V构成回路，电源E向电感L充电，充电电流基本恒定为I_1，同时电容C和R构成回路，电容C上的电压向负载R供电。因此C值很大时，基本保持输出电压u_o为恒值，记为U_o。设V处于通态的时间为t_{on}，此阶段电感L上积蓄的能量为EI_1t_{on}。当V处于断态时E和L共同向电容C充电并向负载R提供能量。设V处于断态的时间为t_{off}，则在此期间电感L释放的能量为$(U_o-E)I_1t_{off}$。

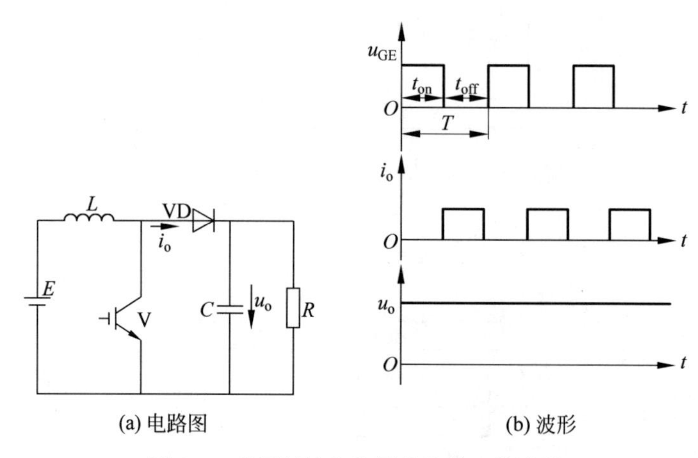

图 4.5　升压斩波电路原理及其工作波形

当电路工作于稳态时，一个周期T中电感L积蓄的能量与释放的能量相等，即

$$EI_1t_{on}=(U_o-E)I_1t_{off} \tag{4-3}$$

化简得

$$U_o=\frac{t_{on}+t_{off}}{t_{off}}E=\frac{T}{t_{off}}E \tag{4-4}$$

式中，$T/t_{off}\geqslant 1$，输出电压高于电源电压，故称该电路为升压斩波电路。也有的文献中直接采用其英文名称，称为Boost变换器。

式(4-4)中T/t_{off}表示升压比，调节其大小，即可改变输出电压U_o的大小，调节的方法与4.1节中介绍的改变占空比α的方法类似。将升压比的倒数计作β，即$\beta=\frac{t_{off}}{T}$。则β和占空比α有如下关系：

$$\alpha+\beta=1 \tag{4-5}$$

因此，式(4-4)可表示为

$$U_o=\frac{1}{\beta}E=\frac{1}{1-\alpha}E \tag{4-6}$$

升压斩波电路之所以能使输出电压高于电源电压，关键有两个原因：一是电感L

储能之后具有使电压泵升的作用，二是电容 C 可将输出电压保持住。在以上分析中，认为V处于通态期间因电容 C 的作用使得输出电压 U_o 不变，但实际上 C 值不可能为无穷大，在此阶段其向负载放电，U_o 必然会有所下降，故实际输出电压会略低于式(4-6)所得结果。不过，在电容 C 值足够大时，误差很小，基本可以忽略。

【例 4-3】 在图 4.5(a)所示的升压斩波电路中，已知 $E=80\text{V}$，L 值和 C 值极大，$R=30\Omega$，采用脉宽调制控制方式，当 $T=60\mu\text{s}$，$t_{on}=20\mu\text{s}$ 时，计算输出电压平均值 U_o，输出电流平均值 I_o。

解：输出电压平均值为

$$U_o=\frac{T}{t_{off}}E=\frac{60}{60-20}\times 80=120(\text{V})$$

输出电流平均值为

$$I_o=\frac{U_o}{R}=\frac{120}{30}=4(\text{A})$$

4.2.2 升压斩波电路典型应用

升压斩波器目前的典型应用，一是用于直流电动机传动，二是用作单相功率因数校正电路，三是用于其他交直流电源中。

直流电动机传动采用升压斩波电路时，通常是利用直流电动机再生制动时把电能回馈给直流电源，此时的电路及工作波形如图 4.6 所示。由于实际电路中电感 L 值都是有限的，因此该电路和降压斩波电路的工作过程一样，电动机电枢电流也分为连续和断续两种工作状态。还需说明的是，此时电动机的反电动势相当于图 4.5 电路中的电源，而此时的直流电源相当于图 4.2 电路中的负载。由于直流电源的电压基本是恒定的，因此不必并联电容器。

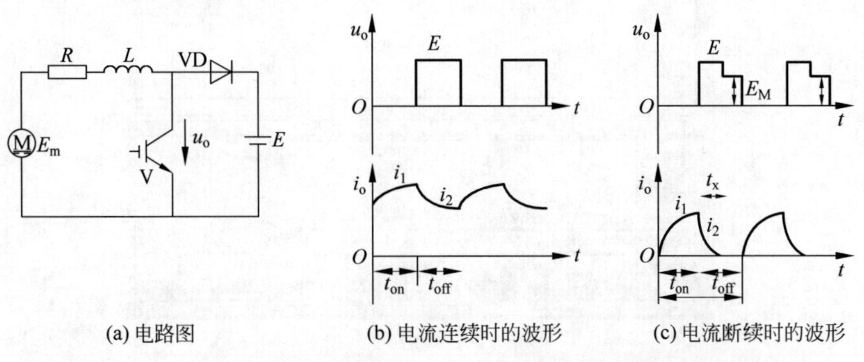

图 4.6　用于直流电动机回馈能量的升压斩波电路及其工作波形

4.2.3 升压斩波电路仿真分析

利用 Multisim 仿真降压斩波电路输出的电压图形是十分方便的，本节将介绍利用 Multisim 根据合适的负载值得到升压的输出电压波形，如图 4.7 所示。

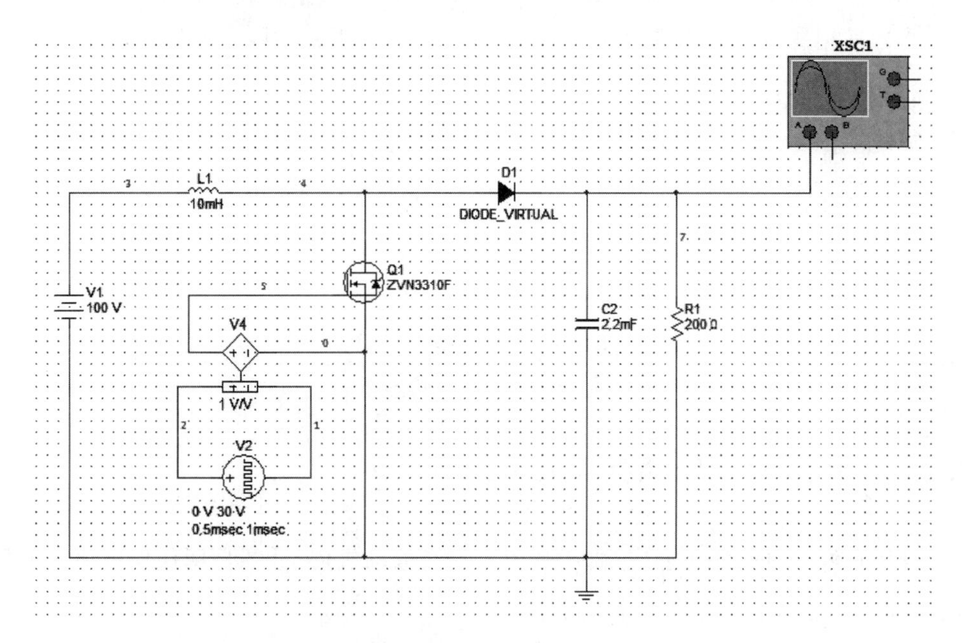

(a) 仿真电路图

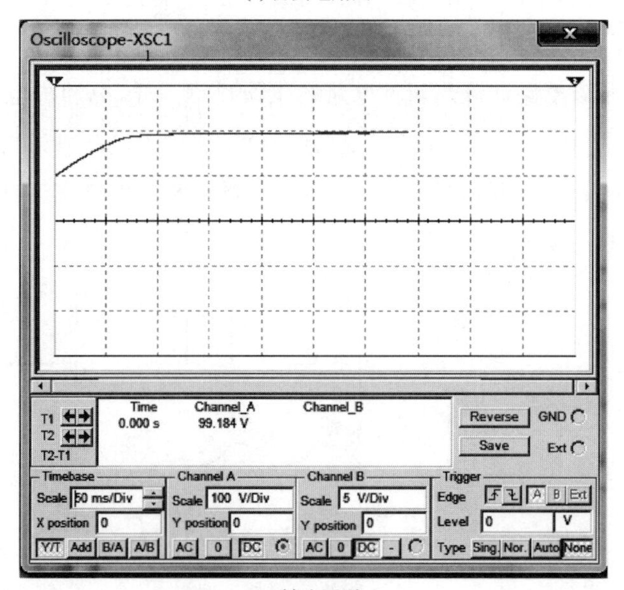

(b) 输出图形

图 4.7 升压斩波仿真电路及输出电压波形

4.3　升降压斩波电路和Cuk斩波电路

4.3.1　升降压斩波电路

升降压斩波电路的原理图如图 4.8(a)所示。该电路中的电感值与电容值均很大,能够保证电感电流 i_L 和电容电压即负载电压 u_o 基本为恒值。

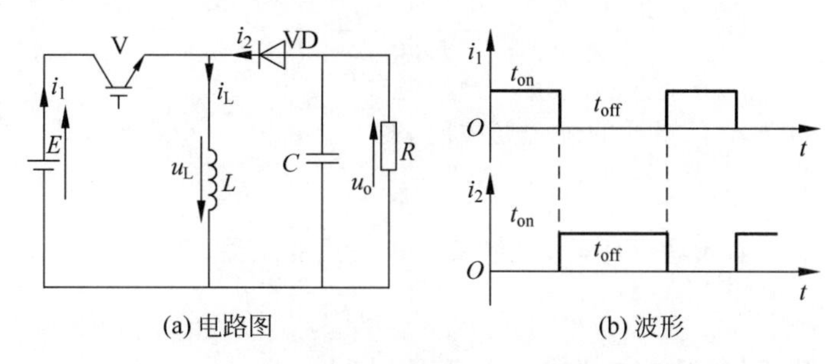

(a) 电路图　　(b) 波形

图 4.8　升降压斩波电路工作及其工作波形

该电路的基本工作原理是：当可控开关 V 处于通态时,电源 E 与全控器件和 L 构成回路,电源 E 经全控器件 V 向电感 L 供电并使其储存能量,此时电流如图 4.8 中的 i_1,同时,由于电容 C 和负载 R 构成回路,电容 C 较大能维持输出电压基本恒定并向负载 R 持续供电。此后,使 V 关断,电感 L 中储存的能量向负载释放,电流为 i_2,方向如图 4.8 所示。同时,电容 C 仍然能够维持输出电压基本恒定并向负载 R 供电。然后,关断 V,电感 L 中储存的能量向负载释放,电流为 i_2,方向如图 4.8 所示。可见,负载电压极性为上负下正,与电源电压极性相反,与前面介绍的降压斩波电路和升压斩波电路的情况正好相反,因此该电路也称作反极性斩波电路。

稳态时,一个周期 T 内电感 L 两端电压 u_L 对时间的积分为零,即

$$\int_0^T u_L \mathrm{d}t = 0 \tag{4-7}$$

当 V 处于通态期间时,$u_L = E$；当 V 处于断态时,$u_L = -u_o$。于是

$$Et_{on} = U_o t_{off} \tag{4-8}$$

所以输出电压为

$$U_o = \frac{t_{on}}{t_{off}}E = \frac{t_{on}}{T - t_{on}}E = \frac{\alpha}{1-\alpha}E \tag{4-9}$$

若改变导通比 α,则输出电压即可以比电源电压低。α 的变化范围在 0～1,当

$0<\alpha<\frac{1}{2}$时为降压，当$\frac{1}{2}<\alpha<1$ 时为升压，因此该电路称为升降压斩波电路，也称为 Boost-Buck 变换器。

图 4.8(b)中给出了电源电流 i_1 和负载电流 i_2 的波形，设两者的平均值分别为 I_1 和 I_2，当电流脉动足够小时，有

$$\frac{I_1}{I_2}=\frac{t_{on}}{t_{off}} \tag{4-10}$$

由上式可得

$$I_2=\frac{t_{off}}{t_{on}}I_1=\frac{1-\alpha}{\alpha}I_1 \tag{4-11}$$

如果 V、VD 为没有损耗的理想开关时，则

$$EI_1=U_oI_2 \tag{4-12}$$

其输出功率和输入功率相等，可将其看作直流变压器。

4.3.2 升降压斩波电路的仿真分析

利用 Multisim 仿真升降压斩波电路输出的电压图形是十分方便的，本节将介绍利用 Multisim 根据合适的负载值得到升压的电压输出波形，如图 4.9 所示。

4.3.3 Cuk 斩波电路

图 4.10 所示为 Cuk 斩波电路的原理图及其等效电路。

当 V 处于通态时，电源 E、电感 L_1 和开关 V 构成回路 1，电阻 R、电感 L_2、电容 C 和开关 V 构成回路 2，回路分别流过电流。当 V 处于断态时，电源 E、电感 L_1、电容 C 和二极管 VD 构成回路，电阻 R、电感 L_2 和二极管 VD 构成回路，回路分别流过电流。输出电压的极性与电源电压极性相反。该电路的等效电路如图 4.10(b)所示，相当于开关 S 在 A、B 两点之间交替切换。

在该电路中，稳态时电容 C 的电流在一周期内的平均值应为零，也就是其对时间的积分为零，即

$$\int_0^T i_C \mathrm{d}t=0 \tag{4-13}$$

在图 4.10(b)的等效电路中，开关 S 合向 B 点的时间即 V 处于通态时的时间为 t_{on}，则电容电流和时间的乘积为 It_{on}。开关 S 合向 B 点的时间即 V 处于断态时的时

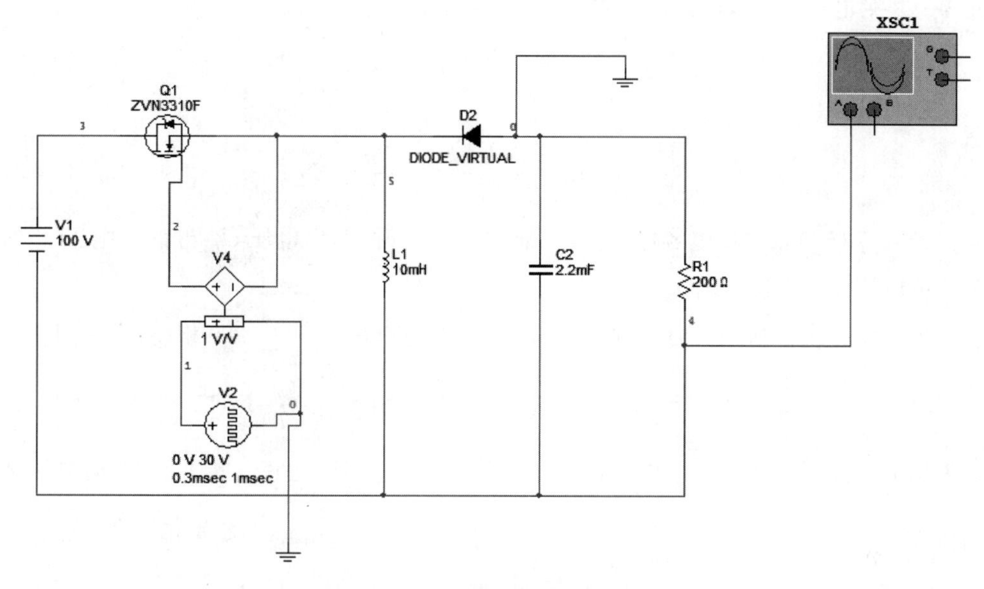

(a) 仿真电路

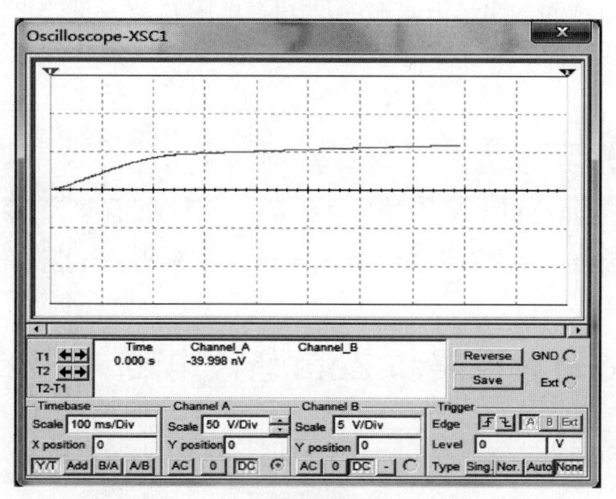

(b) 输出图形

图 4.9　升降压斩波仿真电路及输出电压波形

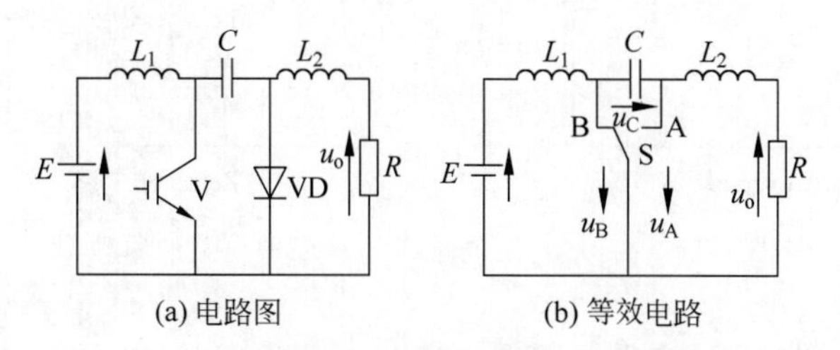

(a) 电路图　　(b) 等效电路

图 4.10　Cuk 斩波电路的原理图及其等效电路

间为 t_{off}，则电容电流和时间的乘积为 $I_1 t_{off}$。由此可得

$$I_2 t_{on} = I_1 t_{off} \tag{4-14}$$

从而可得

$$\frac{I_2}{I_1} = \frac{t_{off}}{t_{on}} E = \frac{T - t_{on}}{t_{on}} E = \frac{1-\alpha}{\alpha} E \tag{4-15}$$

当电容 C 值很大使电容电压 u_C 的脉动足够小时，输出电压 U_o 与输入电压 E 的关系可以用以下方法求出。

当开关 S 闭合到 B 点时，B 点电压 $u_B = 0$，A 点电压 $u_A = -u_C$；相反，当 S 闭合到 A 点时，$u_B = u_C$，$u_A = 0$。因此，B 点电压 u_B 的平均值 $U_B = \frac{t_{off}}{T} U_C$（$U_C$ 为电容电压 u_C 的平均值），又因电感 L_1 的电压平均值为零，所以 $E = U_B$。另一方面，A 点的电压平均值为 $U_A = -\frac{t_{on}}{T} U_C$，且 L_2 的电压平均值为零，按图 4.10(b)中输出电压 U_o 的极性有 $U_o = \frac{t_{on}}{T} U_C$。于是可得出输出电压 U_o 与电源电压 E 的关系

$$U_o = \frac{t_{on}}{t_{off}} E = \frac{t_{on}}{T - t_{on}} E = \frac{\alpha}{1-\alpha} E \tag{4-16}$$

这一输入输出关系与升降压斩波电路时的情况相同。

与升降压斩波电路相比，Cuk 斩波电路有一个明显的优点，其输入电源电流和输出负载电流都是连续的，没有阶跃变化，有利于输入、输出进行滤波。

4.4 Sepic 斩波电路和 Zeta 斩波电路

图 4.11 分别给出了 Sepic 斩波电路和 Zeta 斩波电路的原理图。

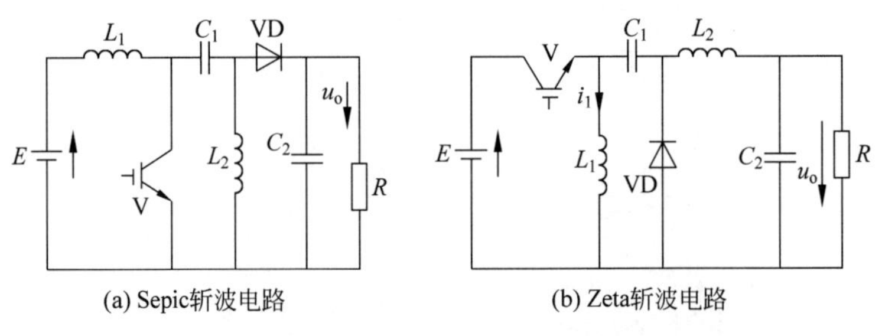

图 4.11 Sepic 斩波电路和 Zeta 斩波电路的原理图

Sepic 斩波电路的基本工作原理是：当 V 处于通态时，电源 E、电感 L_1 和开关 V 构成回路 1，电容 C、电感 L_2 和开关 V 构成回路 2，并同时导通，L_1 和 L_2 储能。当 V

处于断态时，电源 E、电感 L_1、电容 C_1、二极管 VD 和负载构成回路 1，电感 L_2、二极管 VD 及负载构成回路 2，两回路同时导通，此阶段 E 和 L_1 既向负载供电，同时也向 C_1 充电，C_1 储存的能量在 V 处于通态时向 L_2 转移。

Sepic 斩波电路的输出输入关系由下式给出

$$U_o = \frac{t_{on}}{t_{off}}E = \frac{t_{on}}{T - t_{on}}E = \frac{\alpha}{1-\alpha}E \tag{4-17}$$

Zeta 斩波电路的基本工作原理是：当 V 处于通态时，电源 E 经开关 V 向电感 L_1 储能。同时，E 和 C_1 共同经 L_2 向负载供电。待 V 关断后，L_1 经 VD 向 C_1 充电，其储存的能量转移至 C_1。同时 L_2 的电流则经 VD 续流。

Zeta 斩波电路的输出输入关系由下式给出

$$U_o = \frac{\alpha}{1-\alpha}E \tag{4-18}$$

上述两种电路相比，具有相同的输入输出关系。Sepic 电路中，电源电流连续但负载电流是脉冲波形，有利于输入滤波；反之，Zeta 电路的电源电流是脉冲波形而负载电流联系。与 4.3 节两种电路相比，这里的两种电路输出电压均为正极性，且输入输出关系相同。

4.5　复合斩波电路

利用降压斩波电路和升压斩波电路的组合，即可构成复合斩波电路。此外，对相同结构的基本斩波电路进行组合，可使斩波电路的整体性能得到提高。

4.5.1　电流可逆斩波电路

当斩波电路用于拖动直流电动机时，常需要将电动机既可电动运行，又可再生制动，将能量又回馈回电源。从电动状态到再生制动的切换可通过改变电路连接方式来实现，但在要求快速响应时，就需通过对电路的本身的控制来实现。4.1 节介绍的降压斩波电路拖动直流电动机，当如降压斩波电路时，电动机工作于第 1 象限。而如升压斩波电路时，电动机则工作于第 2 象限。两种情况下，电动机的电枢电流的方向不同，但是流动方向仍然只能是单方向流动。本节介绍的电流可逆斩波电路是将降压斩波电路与升压斩波电路组合在一起，拖动直流电动机时，电动机的电枢电流可正可负，但电压只能是一种极性，故其可工作于第 1 象限和第 2 象限。图 4.12(a)给出了电流可逆斩波电路的原理图。

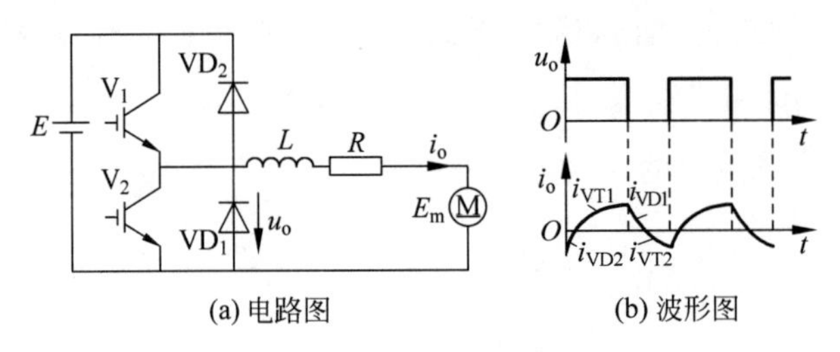

(a) 电路图　　(b) 波形图

图 4.12　电流可逆斩波电路及其工作波形

在该电路中，V_1 和 VD_1 构成降压斩波电路，由电源向直流电动机供电，电动机为电动运行，工作于第 1 象限；V_2 和 VD_2 构成升压斩波电路，把直流电动机的动能转变为电能反馈到电源，使电动机作再生制动运行，工作于第 2 象限。需要注意的是，若 V_1 和 V_2 同时导通，将导致电源短路，进而会损坏电路中的开关器件或电源，因此必须防止出现这种情况。

当电路只作降压斩波器运行时，V_2 和 VD_2 总处于断态；只做升压斩波器运行时，则 V_1 和 VD_1 总处于断态。两种工作情况与前面讨论的完全一样。此外，该电路还有第 3 种工作方式，即一个周期内交替地作为降压斩波电路和升压斩波电路工作。在这种工作方式下，当降压斩波电路或升压斩波电路的电流断续而为零时，使另一个斩波电路工作，让电流反向流过，这样，电动机电枢回路总有电流流过。例如，当降压斩波电路的 V_1 关断后，由于积蓄的能量少，经一短时间电抗器 L 的蓄能即释放完毕，电枢电流为零。这时使 V_2 导通，由于电动机反电动势 E_m 的作用使电枢电流反向流过，电抗器 L 积蓄能量。待 V_2 关断后，由于 L 积蓄的能量和 E_m 功能作用使 VD_2 导通，向电源反送能量。当反向电流变为零，即 L 积蓄的能量释放完毕时，再次使 V_1 导通，又有正向电流流通。如此循环，两个斩波电路交替工作。图 4.12(b)是这种工作方式下的输出电压、电流波形，图中在负载电流 i_o 的波形上还标出了流过各器件的电流。

这样，在一个周期内，电枢电流沿正、负两个方向流通，电流不断，所以响应很快。

4.5.2　桥式可逆斩波电路

电流可逆斩波电路的优点是可使电路的电枢电流可逆，实现电动机的两象限运行，缺点是其所能提供的电压极性是单向的。只有将两个电流可逆斩波电路组合起来，才能实现电动机进行正、反转以及可电动又可制动的工作，当分别向电动机提供正向和反向电压，即成为桥式可逆斩波电路，如图 4.13 所示。

该斩波电路就等效为图 4.13 所示的电流可逆斩波电路是当使 V_4 保持通态时桥式斩波电路的等效电路图，具体工作为：向电动机提供正电压，可使电动机工作于 1、2 象限，即正转电动和正转再生制动状态。此时，需防止 V_3 导通造成电源短路。

当使 V_2 保持为通态时，V_3、VD_3 和 V_4、VD_4 等效为又一组电流可逆斩波电路，该电路向电动机提供负电压，可使电动机工作于 3、4 象限。其中 V_3 和 VD_3 构成降压斩波电路，向电动机供电使其工作于第 3 象限即反转电动状态，而 V_4 和 VD_4 构成升压斩波电路，可使其工作于第 4 象限即反转再生制动状态。

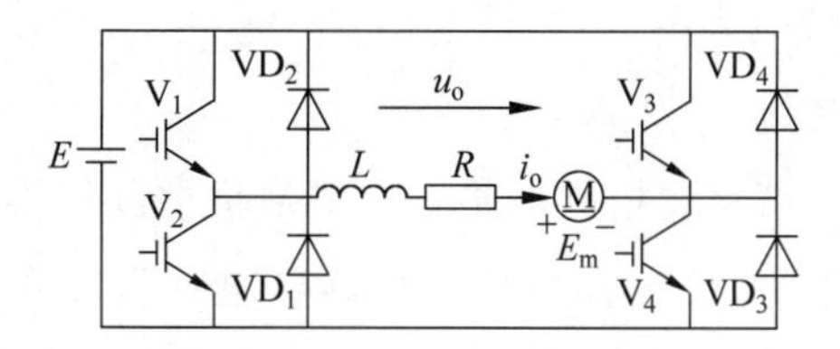

图 4.13 桥式可逆斩波电路

知识拓展

目前我国交流电网进户电压为三相 380V，单相 220V，而我们部分用电设备只能接收电压较低的直流电，因此需要对进户电压进行电路变换。在变换过程中也要考虑到相应的保护、驱动等环节所用电路。

运用所学 DC/DC 斩波电路的知识，将交流电网供电电压的单相 220V，进行整流后输出直流，将此直流进行斩波控制使输出电压在 10～20V 范围内可调，并具备相关的保护环节。

设计方案：DC/DC 直流斩波器的主电路由不可控整流器和由 IGBT 构成的斩波电路组成，伴随着主电路的还有驱动电路、控制电路和保护电路。驱动电路是主电路和控制电路之间的接口，它可以使电力电子器件工作在理性的开关状态，缩短开关时间。减少开关损耗等优点。控制电路以专用的控制芯片 SG3525 为核心构成的，控制电路输出占空比可调的矩形波。

主电路图如图 4.14 所示。主电路由电源变压器、整流滤波、稳压电路、升压斩波电路及保护电路组成。电源变压器的作用是将交流电网电压 V_1 变成整流电路要求的交流电 $v_2=\sqrt{2}V_2\sin\omega t$，4 只整流二极管 D_1～D_4 组成的桥式电桥的形式，它是将交流电压变成脉动的直流电压。稳压电路主要是通过 LW79××芯片输出设计所要的电压 12V,并通过 R_1,C_4 保护 IGBT 不会因受到较大的电压而损坏,它因此也称为过压保护电路。

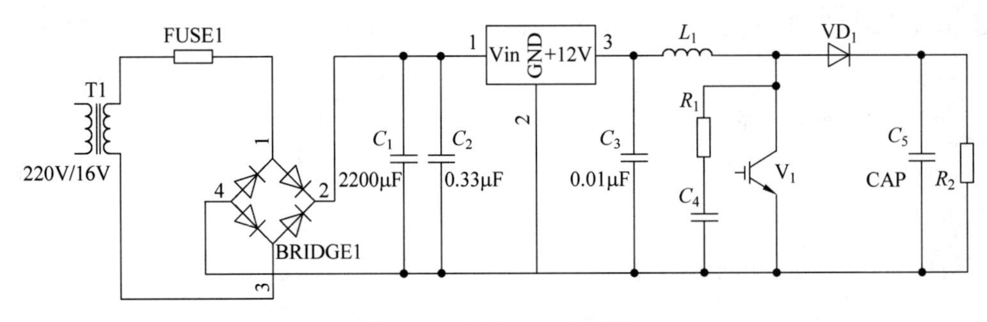

图 4.14　DC/DC 主电路图

控制电路如图 4.15 所示。控制电路的作用是将控制信号变成延迟角 α(或 β)信号,向晶闸管提供门极电流,决定各个晶闸管的导通时刻。以 SG3525 芯片为核心的 PWM 控制电路输出的占空比可调矩形波,其占空比受 U_{CO} 的控制。

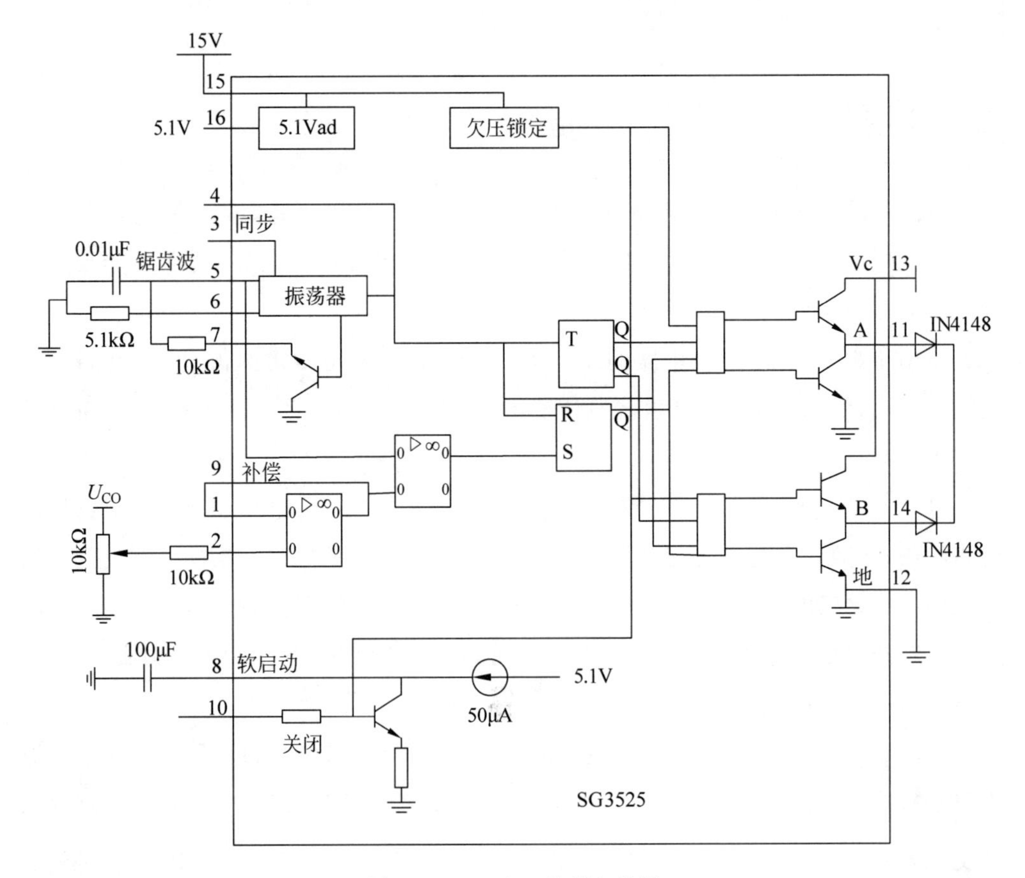

图 4.15　DC/DC 控制电路图

驱动保护电路如图4.16所示。驱动保护电路由EXB850模块构成的栅极驱动电路,驱动电路的输入端接入的是控制电路的输出端。电路中C_1、C_2电容值为33μF,主要用来吸收因电源接线阻抗引起的供电变化。R_G的数值按IGBT的电流容量来选择,一般取值范围是几欧姆到几百欧姆。驱动电路的信号延迟小于等于4μS,适用于高达10kHz的开关电路。

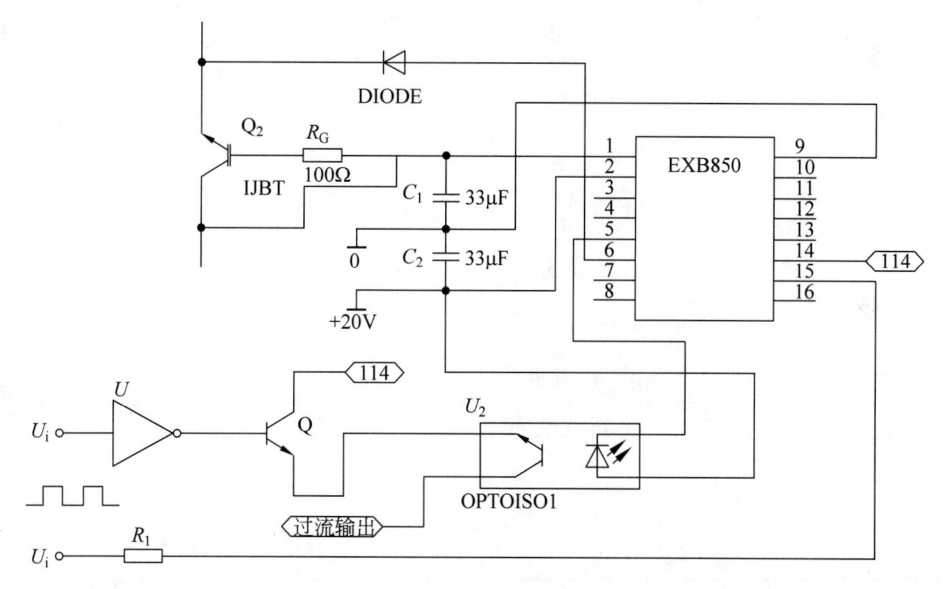

图4.16 DC/DC驱动保护电路图

本章小结

直接直流变流电路称为斩波电路,常见斩波电路包括降压斩波电路、升压斩波电路、升降压斩波电路、Cuk斩波电路、Sepic斩波电路、Zeta斩波电路6种基本斩波电路,和电流可逆、桥式可逆两种复合斩波电路。

当输出的固定或可调的电压小于输入的直流电压时称为降压斩波电路,占空比的控制方法有定宽调频(脉冲频率调制)、定频调宽型(脉冲宽度调制)、混合型三种。降压斩波电路的平均值公式为$U_{\circ}=\frac{t_{on}}{T}E$,电流的平均值公式为$I_{\circ}=\frac{U_{\circ}-E_{m}}{R}$。

当输出的固定或可调的电压大于输入的直流电压时称为升压斩波电路,要实现升压斩波电路有两个关键条件,一是电感L储能之后具有使电压泵升的作用,二是电容C可将输出电压保持住。升压斩波电路的平均值公式为$U_{\circ}=\frac{T}{t_{off}}E$,电流的平均值公

式为 $I_o=\dfrac{U_o}{R}$。

本章内容结构：

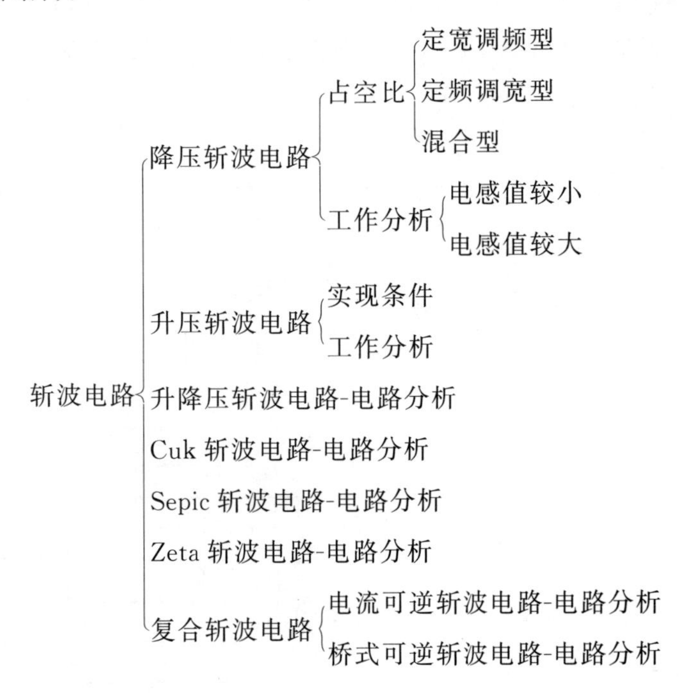

习题

一、填空题

1. 直流斩波电路完成的是直流到________的变换。

2. 直流斩波电路中最基本的两种电路是________和________。

3. 斩波电路有三种控制方式：________、________和________。

二、简答题

1. 画出降压斩波电路原理图并简述其工作原理。

2. 画出升压斩波电路原理图并简述其基本工作原理。

3. 升压斩波电路之所以能够使输出电压高于电源电压的两个关键原因是什么？

三、计算题

1. 在降压斩波电路中，已知 $E=200\text{V}$，$R=10\Omega$，L 值极大，$E_m=30\text{V}$，$T=50\mu\text{s}$，$t_{on}=20\mu\text{s}$，计算输出电压平均值 U_o，输出电流平均值 I_o。

2. 在降压斩波电路中，$E=100\text{V}$，$L=1\text{mH}$，$R=0.5\Omega$，$E_m=10\text{V}$，采用脉宽调制

控制方式，$T=20\mu s$，当 $t_{on}=5\mu s$ 时，计算输出电压平均值 U_o，输出电流平均值 I_o，计算输出电流的最大和最小值瞬时值并判断负载电流是否连续。当 $t_{on}=3\mu s$ 时，重新进行上述计算。

3. 在升压斩波电路中，已知 $E=50V$，L 值和 C 值极大，$R=20\Omega$，采用脉宽调制控制方式，当 $T=40\mu s$，$t_{on}=25\mu s$ 时，计算输出电压平均值 U_o，输出电流平均值 I_o。

第5章

交流电力控制电路和交交变频电路

学习目标与重点

- 掌握交流调压电路与调功电路的区别；
- 重点掌握交流调压电路的基本工作原理和波形分析方法；
- 了解变频电路的实现方法。

关键术语

双向晶闸管；有效值；管压降；变频电路

【应用导入】 路灯的节能调节方法。

传统的照明技术有很多弊端，后半夜用电设备减少，电网电压升高，路灯的照明度也升高，不仅造成电能的浪费，也使灯具的使用寿命大大降低。应用本章介绍的无触点调压方式，可以调节路灯的照明，使路灯端电压波形连续平滑。

交流-交流变流变换，即把一种形式的交流变成另一种形式的交流。在进行交流-交流变流时，可以改变相关的电压、电流、频率和相数等。只改变电压、电流或对电路的通断进行控制，而不改变频率的电路称为交流电力控制电路。5.1 节和 5.2 节讲述交流电力控制电路。其中，5.1 节讲述采用相位控制的交流电力控制电路，即交流调压电路；5.2 节讲述采用通断控制的交流电力控制电路，即交流调功电路及交流无触点开关。

改变频率的电路称为变频电路。变频电路大多数不改变相数，也有少部分是改变相数的，如把单相电变为三相电，或把三相电变为单相电。变频电路有两种，分别是交交变频电路和交直交变频电路。交交变频是直接把一种频率的交流变成另一种频率或可变频率的交流，也称为直接变频电路。交直交变频先把交流整流成直流，再把直流逆变成另一种频率或可变频率的交流，这种通过直流中间环节的变频电路也称间接变频电路。本章只讲述直接变频电路，5.3 节讲的是目前应用较多的晶闸管交交变频电路。

5.1　交流调压电路

如果在交流电源和负载之间,用两个晶闸管反并联后串联在交流电路中,通过对晶闸管的控制就可以控制交流电力。这种电路只改变输出的幅值,不改变交流电的频率,称为交流电力控制电路。交流调压电路是指在每半个周波内通过对晶闸管开通相位的控制,可以方便地调节输出电压的有效值。交流调功电路是以交流电的周期为单位控制晶闸管的通断,改变通态周期数和断态周期数的比,可以方便地调节输出功率的平均值。如果并不着意调节输出平均功率,而只是根据需要接通或断开电路,则称串入电路中的晶闸管为交流电力电子开关。本节讲述交流调压电路,其他交流电力控制电路在5.2节讲述。

交流调压电路广泛用于工业加热、灯光控制(如调光台灯和舞台灯光控制)及异步电动机的软起动,也用于异步电动机调速。在供用电系统中,这种电路还常用于对无功功率的连续调节。此外,在高电压小电流或低电压大电流直流电源中,也常采用交流调压电路调节变压器一次电压。如采用晶闸管相控整流电路,高电压小电流可控直流电源就需要很多晶闸管串联;同样,低电压大电流直流电源需要很多晶闸管并联,这都是十分不合理的。采用交流调压电路在变压器一次侧调压,其电压电流值都不太大也不太小,在变压器二次侧只要用二极管整流就可以了,这样的电路体积小、成本低、易于设计制造。

交流调压电路可分为单相交流调压电路和三相交流调压电路。前者是后者的基础,也是本节的重点,所以首先介绍单相交流调压电路。

5.1.1　单相交流调压电路

单相交流调压电路可以用两只普通晶闸管反并联,也可以用一只双向晶闸管,后一种因其线路简单、成本低,故用得越来越多。

与整流电路一样,交流调压电路的工作情况也与负载性质有很大的关系,因此分别予以讨论。

1. 电阻负载

图5.1为电阻负载单相交流调压电路图及其波形。可用一只双向晶闸管代替图中的晶闸管 VT_1 和 VT_2。在交流电源 u_1 的正半周对 VT_1 的开通角 α 进行控制,在

交流电源 u_1 的负半周对 VT_2 的开通角 α 进行控制，就可以调节输出电压。正负半周 α 起始时刻($\alpha=0$)均为电压过零时刻。在稳态情况下，应使正负半周的 α 相等。可以看出，负载电压波形是电源电压波形的一部分，负载电流（也即电源电流）和负载电压的波形相同。

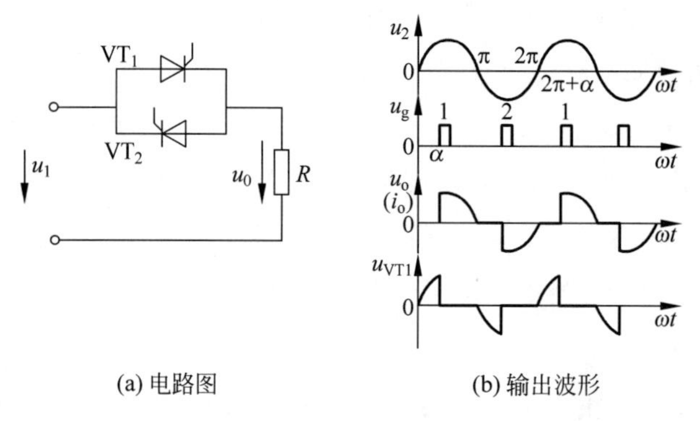

图 5.1 电阻负载单相交流调压电路图及其波形

上述电路在控制角为 α 时，负载电压的有效值为 U_o、负载电流的有效值为 I_o、晶闸管电流的有效值为 I_{VT} 和电路的功率因数 λ 为

$$U_o=\sqrt{\frac{1}{\pi}\int_{\alpha}^{\pi}(\sqrt{2}U_1\sin\omega t)^2\mathrm{d}(\omega t)}=U_1\sqrt{\frac{1}{2\pi}\sin2\alpha+\frac{\pi-\alpha}{\pi}} \tag{5-1}$$

$$I_o=\frac{U_o}{R} \tag{5-2}$$

$$I_{VT}=\sqrt{\frac{1}{2\pi}\int_{\alpha}^{\pi}\left(\frac{\sqrt{2}U_1\sin\omega t}{R}\right)^2\mathrm{d}(\omega t)}=\frac{U_1}{R}\sqrt{\frac{1}{2}\left(1-\frac{\alpha}{\pi}+\frac{\sin2\alpha}{2\pi}\right)} \tag{5-3}$$

$$\lambda=\frac{P}{S}=\frac{U_oI_o}{U_1I_o}=\frac{U_o}{U_1}=\sqrt{\frac{1}{2\pi}\sin2\alpha+\frac{\pi-\alpha}{\pi}} \tag{5-4}$$

从图 5.1 及以上各式可以看出，α 的移相范围为 $0\leqslant\alpha\leqslant\pi$。$\alpha=0°$时，相当于晶闸管一直接通，输出电压为最大值，$U_o=U_1$，功率因数 $\lambda=1$。随着 α 的增大，U_o 逐渐降低。直到 $\alpha=\pi$ 时，$U_o=0$，功率因数 $\lambda=0$。随着 α 的增大，输入电流滞后于电压且发生畸变，λ 也逐渐降低。

2. 阻感负载

电路图及其波形如图 5.2 所示。

设负载的阻抗角为 $\varphi=\arctan(\omega L/R)$。如果用导线把晶闸管完全短接，稳态时负载电流应是正弦波，其相位滞后于电源电压 u_1 的角度为 φ。在用晶闸管控制时，很

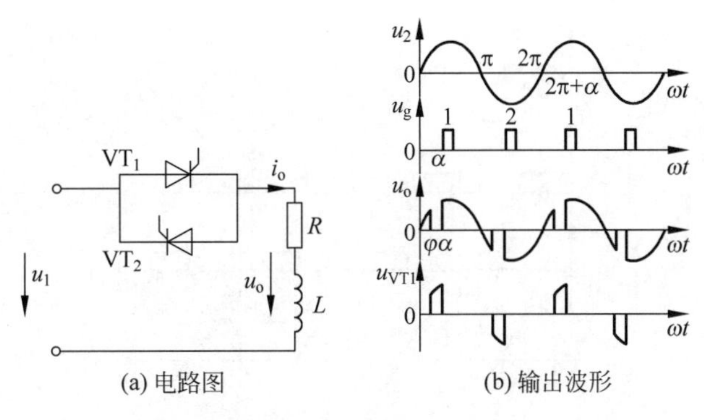

图5.2　阻感负载单相交流调压电路及其波形

显然只能进行滞后控制，使负载电流更为滞后，而无法使其超前。为了方便，把 $\alpha=0°$ 的时刻仍定在电源电压过零的时刻，显然阻感负载下稳态时 α 的移相范围应为 $\varphi\leqslant\alpha\leqslant\pi$。

阻抗负载时 α 的移相范围为 $\varphi\leqslant\alpha<\pi$。但 $\alpha<\varphi$ 时，并非电路不能工作，下面分析这种情况。

当 $\varphi\leqslant\alpha<\pi$ 时，VT_1 和 VT_2 的导通角 θ 均小于 π，α 越小，θ 越大；$\alpha=\varphi$ 时，$\theta=\pi$。当 α 继续减小，例如在 $0\leqslant\alpha<\varphi$ 的某一时刻触发 VT_1，则 VT_1 的导通时间将超过 π；到 $\omega t=\pi+\alpha$ 时刻触发 VT_2 时，负载电流 i_o 尚未过零，VT_1 仍在导通，VT_2 不会立即开通；直到 i_o 过零后，如 VT_2 的触发脉冲有足够的宽度而尚未消失(参见图5.2)，VT_2 就会开通。因为 $\alpha<\varphi$，VT_1 提前开通，负载 L 被过充电，其放电时间也将延长，使得 VT_1 结束导电时刻大于 $\pi+\varphi$，并使 VT_2 推迟开通，VT_2 的导通角当然小于 π。

这种情况下 i_o 已不存在断流区，其过渡过程和带 R-L 负载的单相交流电路在 $\omega t=\alpha(\alpha<\varphi)$ 时合闸所发生的过渡过程完全相同。可以看出，i_o 由两个分量组成，第一项为正弦稳态分量，第二项为指数衰减分量。在指数分量的衰减过程中，VT_1 的导通时间逐渐缩短，VT_2 的导通时间逐渐延长。当指数分量衰减到零后，VT_1 和 VT_2 的导通时间都趋近到 π，其稳态的工作情况和 $\alpha=\varphi$ 时完全相同。整个过程的工作波形如图5.3所示。

5.1.2　三相交流调压电路

根据三相联结形式的不同，三相交流调压电路具有多种形式。图5.4(a)是星形联结，图5.4(b)是线路控制三角形联结，图5.4(c)是支路控制三角形联结，图5.4(d)是中点控制三角形联结。其中图5.4(a)和图5.4(c)所示两种电路最常用，下面分别

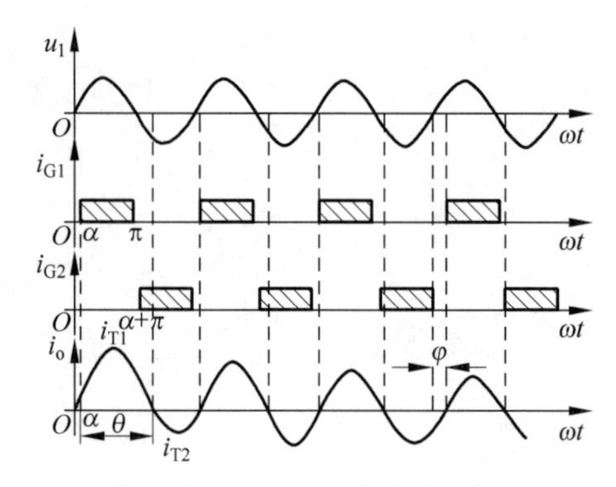

图 5.3 $\alpha<\varphi$ 时阻感负载交流调压电路工作波形

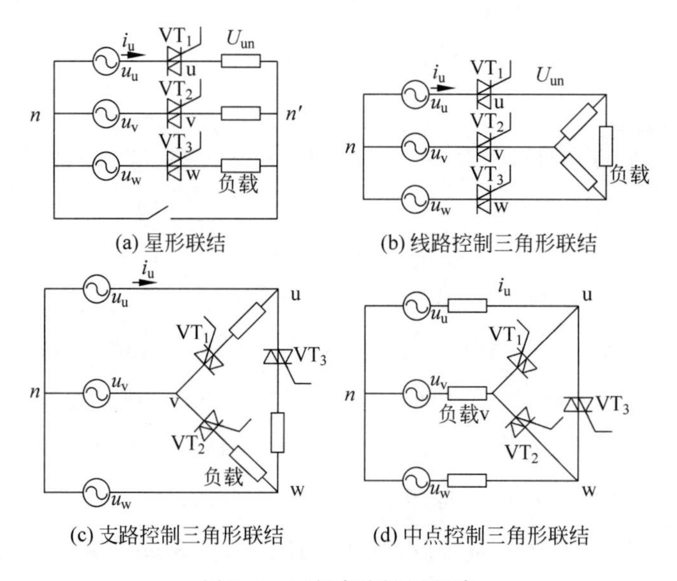

图 5.4 三相交流调压电路

简单介绍这两种电路的基本工作原理和特性。

1. 星形联结电路

如图 5.4(a)所示，这种电路又可分为三相三线和三相四线两种情况。三相四线时，相当于三个单相交流调压电路的组合，三相互相错开 120°工作，单相交流调压电路的工作原理和分析方法均适用于这种电路。在单相交流调压电路中，电流中含有基波和各奇次谐波，组成三相电路后，基波和 3 的整数倍次以外的谐波在三相之间流动，不流过零线；而三相的 3 的整数倍次谐波是同相位的，不能在各相之间流动，全部流过零线；因此零线中会有很大的 3 次谐波电流及其他 3 的整数倍次谐波电流。

当 $\alpha=90°$ 时,零线电流甚至和各相电流的有效值接近。在选择线径和变压器时必须注意这一问题。

下面分析三相三线带电阻负载时的情况。任一相在导通时必须和另一相构成回路,因此和三相桥式全控整流电路一样,会有两个晶闸管构成电流流通路径,所以应采用双脉冲或宽脉冲触发。三相的触发脉冲应依次相差 120°,同一相的两个反并联晶闸管触发脉冲应相差 180°。因此,和三相桥式全控整流电路一样,触发脉冲顺序也是 $VT_1 \sim VT_6$,依次相差 60°。

当采用不可控器件二极管后可以看出,相电流和相电压同相位,且相电压过零时二极管开始导通,把相电压过零点定为开通角 α 的起点。三相三线电路中,两相间导通时是靠线电压导通的,而线电压超前相电压 30°,因此 α 角的移相范围是 $0° \sim 150°$。

在任一时刻,晶闸管导通情况分为两种情况,一种是三相中各有一个晶闸管导通,这时负载相电压就是电源相电压;另一种是两相中各有一个晶闸管导通,另一相不导通,这时导通相的负载相电压是电源线电压的一半。根据任一时刻导通晶闸管的个数以及半周波内电流是否连续,可将 $0° \sim 150°$ 的移相范围分为如下三段:

(1) 当 $0° \leqslant \alpha < 60°$ 时,电路处于三个晶闸管导通与两个晶闸管导通的交替状态,每个晶闸管导通角度为 $180°-\alpha$。但 $\alpha=0°$ 时是一种特殊情况,一直是三个晶闸管导通。

(2) 当 $60° \leqslant \alpha < 90°$ 时,任一时刻都是两个晶闸管导通,每个晶闸管的导通角度为 120°。

(3) 当 $90° \leqslant \alpha < 150°$ 时,电路处于两个晶闸管导通与无晶闸管导通的交替状态,每个晶闸管的导通角度为 $300°-2\alpha$,而且这个导通角度被分割为不连续的两部分,在半周波内形成两个断续的波头,各占 $150°-\alpha$。

α 分别为 30°、60°和 120°时 a 相负载上的电压波形及晶闸管导通区间情况如图 5.5 所示,分别作为这三段移相范围的典型示例。因为是电阻负载,所以负载电流(也即电源电流)波形与负载相电压波形一致。

从电流波形中可以看出其含有很多谐波。进行傅里叶分析后可知,其中所含谐波的次数为 $6k \pm 1(k=1,2,\cdots)$,这与三相桥式全控整流电路交流侧电流所含谐波的次数完全相同,也是谐波的次数越低,其含量越大。与单相交流调压电路相比,这里没有 3 的整数倍次谐波,因为在三相对称时,它们不能流过三相三线电路。

可参照电阻负载和前述单相阻感负载时的分析方法对阻感负载的情况进行分析,

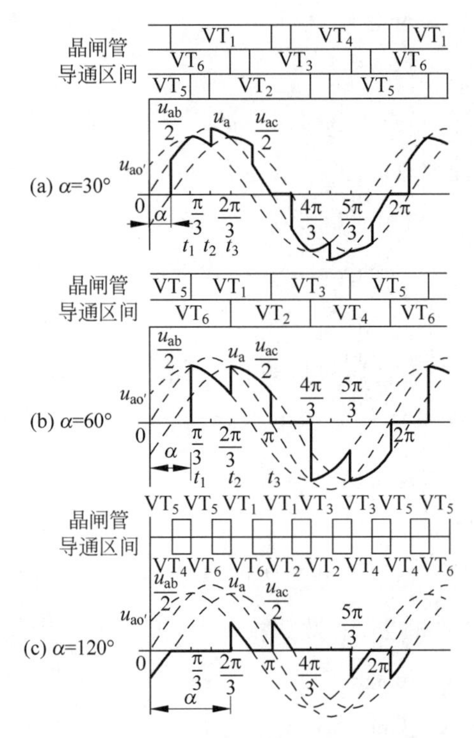

图 5.5 不同 α 角时负载相电压波形

只是情况更复杂一些。$\alpha=\varphi$ 时，负载电流最大且为正弦波，相当于晶闸管全部被短接时的情况。一般来说，电感大时，谐波电流的含量小一些。

2. 支路控制三角形联结电路

支路控制三角形联结电路由三个单相交流调压电路组成，三个单相电路分别在不同的线电压的作用下单独工作。电路如图 5.4(c)所示。因此，单相交流调压电路的分析方法和结论完全适用于支路控制三角形联结三相交流调压电路。在求取输入线电流(即电源电流)时，只要把与该线相连的两个负载相电流求和就可以了。

由于三相对称负载相电流中 3 的整数倍次谐波的相位和大小都相同，所以它们在三角形回路中流动，而不出现在线电流中。因此，和三相三线星形联结电路相同，线电流中所含谐波的次数也是 $6k\pm1$(k 为正整数)。通过定量分析可以发现，在相同负载和相同 α 角的情况下，支路控制三角形联结电路线电流中谐波含量要少于三相三线星形联结电路。

5.1.3 仿真电路

利用 Multisim 仿真单相交流调压电路，$\alpha=20^{\circ}$时阻性负载的输出电压的波形如图 5.6 所示。

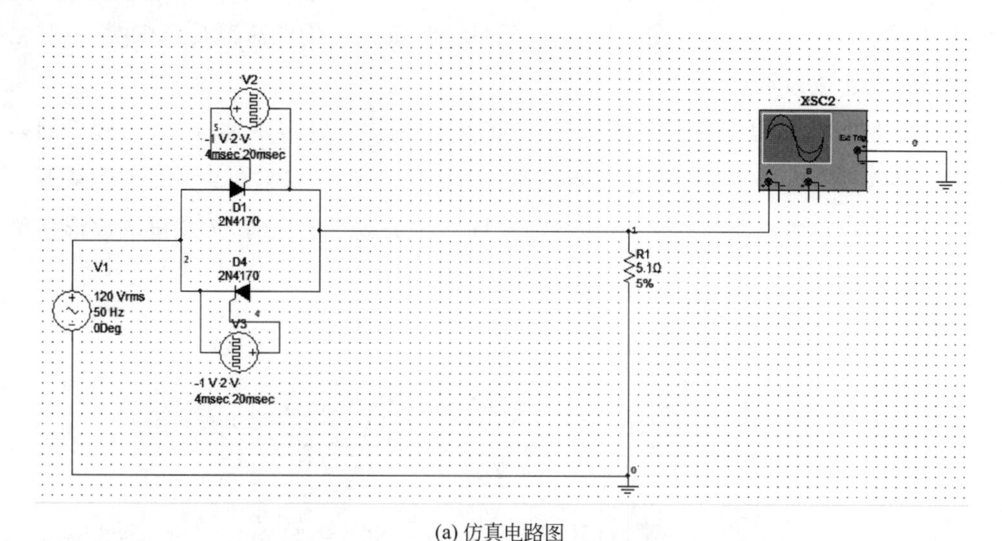

(a) 仿真电路图

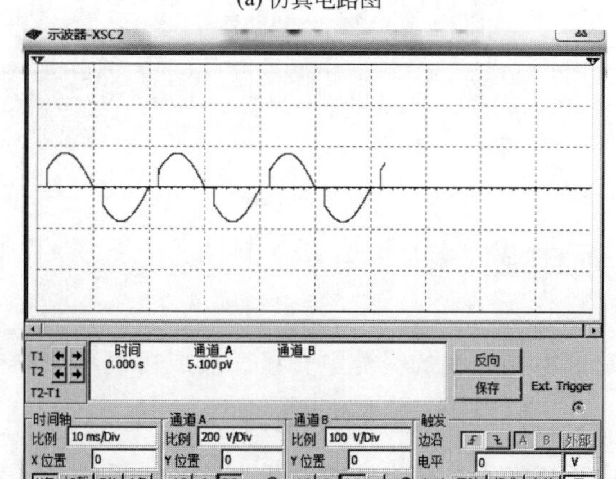

(b) 输出波形

图 5.6 单相交流调压带电阻负载仿真电路图及输出电压波形

5.2 其他交流电力控制电路

交流调功电路和交流调压电路的电路形式完全相同，只是控制方式不同。交流调功电路的控制方式是将负载与交流电源接通几个整周波，再断开几个整周波，通过改变接通周波数与断开周波数的比值来调节负载所消耗的平均功率；而交流调压电路是在每个交流电源周期都对输出电压波形进行控制。调功电路常用于电炉的温度控制，因其直接调节对象是电路的平均输出功率，所以被称为交流调功电路。像电炉温度这样的控制对象，其时间常数往往很大，没有必要对交流电源的每个周期进行频繁的控制，只要以周波数为单位进行控制就足够了。通常控制晶闸管导通的时刻都是在电源电压过零的时刻，这样，在交流电源接通期间，负载电压电流都是正弦波，不对电网电压电流造成通常意义的谐波污染。

设控制周期为 M 倍电源周期，其中晶闸管在前 N 个周期导通，后 $M-N$ 个周期关断。当 $M=3$、$N=2$ 时的电路波形如图 5.7 所示。可以看出，负载电压和负载电流（也即电源电流）的重复周期为 M 倍电源周期。在负载为电阻时，负载电流波形和负载电压波形相同。

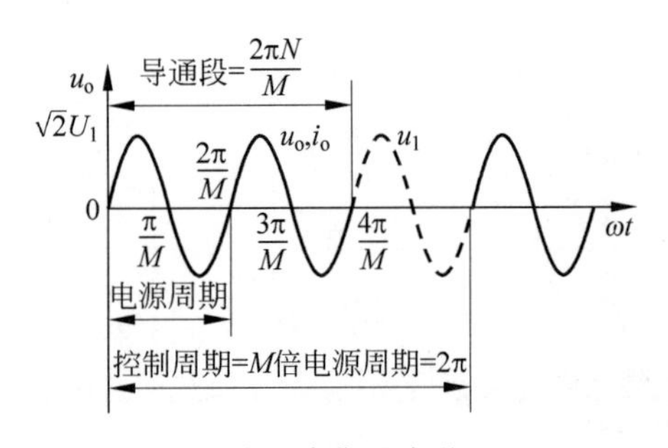

图 5.7 交流调功电路典型波形（$M=3$，$N=2$）

5.3 交交变频电路

交交变频电路是把电网频率的交流电直接变换成可调频率的交流电的变流电路。因为没有中间直流环节，因此属于直接变频电路。

交交变频电路广泛用于大功率交流电动机调速传动系统，实际使用的主要是三相输出交交变频电路。

单相输出交交变频电路是三相输出交交变频电路的基础。因此本节简单介绍单相输出交交变频电路的构成、工作原理、控制方法及输入输出特性。电路如图 5.8(a) 所示，该图是单相交交变频电路的基本原理图和输出电压波形。电路由 P 组和 N 组反并联的晶闸管变流电路构成，和直流电动机可逆调速用的四象限变流电路完全相同。变流器 P 和 N 都是相控整流电路，P 组工作时，负载电流 i_o 为正，N 组工作时，i_o 为负。让两组变流器按一定的频率交替工作，负载就得到该频率的交流电。改变两组变流器的切换频率，就可以改变输出频率 ω_o。改变变流电路工作时的控制角 α，就可以改变交流输出电压的幅值。

按正弦规律对 α 角进行调制，就可以使输出电压 u_o 的波形接近正弦波，波形如图 5.8(b)所示，可在 1/2 周期内使正组变流器 P 的 α 角按一定的规律从 90°逐渐减小到 0°或某个值，然后再逐渐增大到 90°。这样，每个控制间隔内的平均输出电压就按正弦规律从零逐渐增至最高，再逐渐减低到零，如图中虚线所示。另外 1/2 周期可对变流器 N 进行同样的控制。

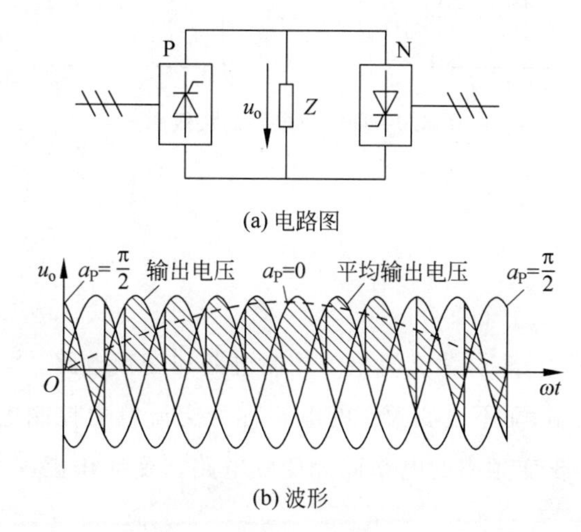

(a) 电路图

(b) 波形

图 5.8　单相交交变频电路原理图和输出电压波形

知识拓展

固态继电器作为电子开关，其通断无机械接触部件，较普通电磁继电器工作可靠、开关速度快、无噪声与火花，加上控制电流小，能与一般的 CMOS 电路兼容。因此，在日常的电子制作与电子产品的开发中，多用固态继电器代替普通的电磁继电器。固态继电器一般由输入恒流控制部分、光电耦合器隔离部分及输出功率开关部分组成。当然，在已知输入电压变化范围不大时，可以将恒流部分省略。根据实际应用中负载供电电源是交流还是直流，在制作时可选用不同类型的光电耦合器及功率开关元件。在供电电源为直流时，光电耦合器可以选用 4N 系列(受光器件为光敏三极管)，功率开关器件用晶体三极管或达林顿复合管；供电电源为交流时，光电耦合器可选用 MOC306x 系列(受光器件可被看作光控的双向触发二极管)，功率开关器件用单向晶闸管或双向晶闸管，电路图如图 5.9 所示。

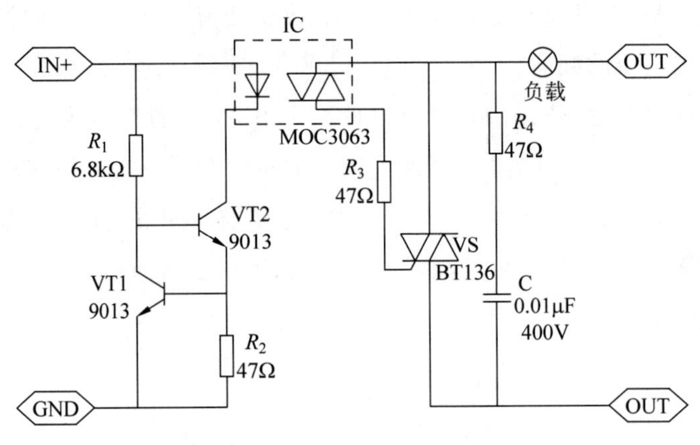

图 5.9 固态继电器的接线图

本章小结

交流-交流的变换电路，分为交流电力控制电路和变频电路。只改变电压、电流或对电路的通断进行控制，而不改变频率的电路称为交流电力控制电路，如交流调压电路和交流调功电路。改变频率的电路称为变频电路。变频电路又可分为直接变频电路和间接变频电路。

本章内容结构：

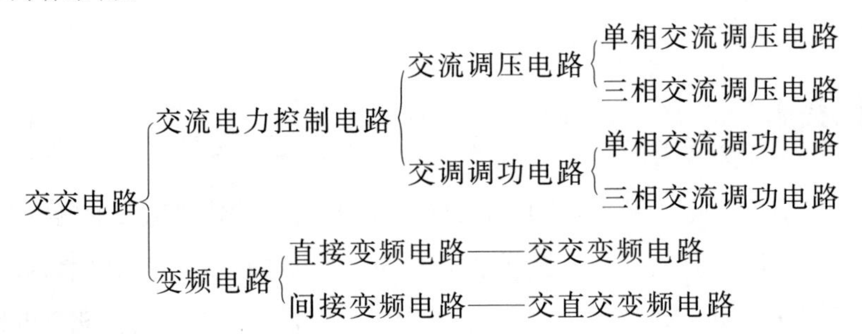

习题

一、填空题

1. 双向晶闸管是一个________层结构的________个接线端的器件，相当于________。

2. 改变频率的电路称为________，变频电路有交交变频电路和________电路两种形式，前者又称为________，后者也称为________。

3. 单相调压电路带电阻负载，其导通控制角 α 的移相范围为________，随 α 的增大，U_o________，功率因数________。

4. 单相交流调压电路带阻感负载，当控制角 $\alpha<\varphi(\varphi=\arctan(L/R))$ 时，VT_1 的导通时间________，VT_2 的导通时间________。

二、简答题

1. 交流调压电路和交流调功电路有什么区别？

2. 绘制在 $\alpha=60°$ 时，u_o、u_{VT1} 的图形。

三、计算题

某一单相交流调压器，电源为工频 220V，阻感串联作为负载，其中 $R=0.5\Omega$，$L=2mH$。试求：

(1) 开通角 α 的变化范围；

(2) 负载电流的最大有效值；

(3) 最大输出功率及此时电源侧的功率因数；

(4) 当 $\alpha=\varphi/2$ 时，晶闸管电流有效值、晶闸管导通角和电源侧功率因数。

第6章

逆变电路

学习目标与重点

- 掌握有源逆变和无源逆变的概念和区别；
- 重点掌握电压型逆变电路的特点和波形分析方法；
- 重点掌握电流型逆变电路的特点和波形分析方法；
- 了解有源逆变电路的实现条件和失败的原因。

关键术语

有源逆变；无源逆变；电压型逆变；电流型逆变

【应用导入】 车载逆变电器理论依据——逆变原理

把家用电器连接到车载电源转换器的输出端就能在汽车内使用各种电器，像在家里使用一样方便。可使用的电器有手机、计算机、数码摄像机、照相机、照明灯、电动剃须刀、CD机、游戏机、掌上电脑、车载冰箱及各种旅游电器。

与整流相对应，把直流电变成交流电称为逆变。当交流侧接在电网上，即交流侧接有电源时，称为有源逆变；当交流侧直接和负载连接时，称为无源逆变。第3章讲述的整流电路工作在逆变状态时的情况属有源逆变。在不加说明时，逆变电路一般多指无源逆变电路，本章讲述的就是无源逆变电路。

逆变电路经常与变频的概念联系在一起。变频电路有交交变频和交直交变频两种形式。交直交变频电路由交直变频电路和直交变频电路两部分组成，前一部分属整流电路，后一部分就是本章所要讲述的逆变电路。由于交直交变频电路的整流电路部分常常采用最简单的二极管整流电路，因此交直交变频电路的核心部分就是逆变电路。正因为如此，常常把交直交变频器称为逆变器。

逆变电路的应用非常广泛。在已有的电源中，蓄电池、干电池、太阳能电池等都是直流电源，当需要这些电源向交流负载供电时，就需要逆变电路。另外，交流电动机调速用变频器、不间断电源、感应加热电源等电力电子装置使用非常广泛，其电路的核心部分就是逆变电路。有人甚至说，电力电子技术早期曾处在整流器时代，后来则进入逆变器时代。

变流电路在工作过程中不断发生电流从一个支路向另一个支路的转移，这就是换流。换流方式在逆变电路中占有突出的地位，本章在6.1节先予以介绍。逆变电路可以从不同的角度进行分类，如可以按换流方式分类，按输出的相数分类，也可按直流电源的性质分类。若按直流电源的性质分类，可分为电压型和电源型两大类。6.2节和6.3节分别讲述电压型逆变电路和电流型逆变电路的结构和工作原理。

逆变电路在电力电子电路中占有十分突出的位置。本章仅讲述基本逆变电路的内容。

6.1　换流方式

在介绍换流方式之前，先简单讲述逆变电路的基本原理。

6.1.1　逆变电路的基本工作原理

以图6.1(a)的单相桥式逆变电路为例说明其最基本的工作原理。图中$S_1 \sim S_4$是桥式电路的4个臂，它们由电力电子器件及其辅助电路组成。当开关S_1、S_4闭合，S_2、S_3断开时，负载电压u_o为正；当开关S_1、S_4断开，S_2、S_3闭合时，u_o为负，其波形如图6.1(b)所示。这样，就把直流电变成了交流电，改变两组开关的切换频率，即可改变输出交流电的频率。这就是逆变电路最基本的工作原理。

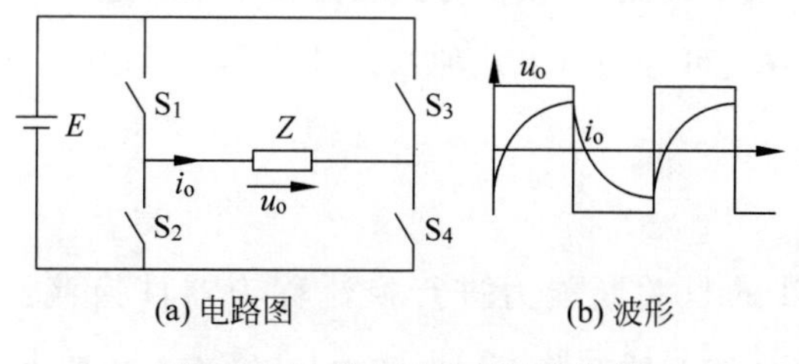

(a) 电路图　　(b) 波形

图6.1　逆变电路及其波形举例

当负载为电阻时，负载电流i_o和电压u_o的波形形状相同，相位也相同。当负载为阻感时，i_o的基本波形相位滞后于u_o的基波，两者波形的形状也不同，图6.1(b)给出的就是阻感负载时i_o的波形。设t_1时刻以前S_1、S_4导通，u_o和i_o均为正。在t_1时刻断开S_1、S_4，同时合上S_2、S_3，则u_o的极性立刻变为负。但是，因为负载中有电感，其电流极性不能立刻改变而仍维持原方向。这时负载电流从直流电源负极流出，经S_2、负载和S_3流回正极，负载电感总储存的能量向直流电源反馈，负载电流逐渐减小，到t_2时刻降为零，之后i_o才反向逐渐增大。S_2、S_3断开，S_1、S_4闭合时的情况类似。上面是 $S_1 \sim S_4$ 均为理想开关时的分析，实际电路的工作过程要复杂一些。

6.1.2 换流方式分类

在图 6.1 所示的逆变电路工作过程中，在 t_1 时刻出现了电流从 S_1 到 S_2，以及从 S_4 到 S_3 的转移。电流从一个支路向另一个支路转移的过程称为换流，换流也被称为换相。在环流过程中，有的支路要从通态转移到断态，有的支路要从断态转移到通态。从断态向通态转移时，无论支路是由全控型还是半控型电力电子器件组成，只要给门极适当的驱动信号，就可以使其开通。但从通态向断态转移的情况就不同。全控型器件可以通过对门极的控制使其关断，而对于半控型器件的晶闸管来说，就不能通过对门极的控制使其关断，必须利用外部条件或采取其他措施才能使其关断。一般来说，应在晶闸管电流过零后再施加一定时间的反向电压，才能使具关断。因为使器件关断，主要是使晶闸管关断，这比使其开通复杂得多，因此，研究换流方式主要是研究如何使器件关断。

应该指出，换流并不是只在逆变电路中才有的概念，在整流电路以及直流-直流变换电路和交流-交流电路中都涉及换流问题。但在逆变电路中，换流及换流方式问题反映得最为全面和集中。因此，把换流方式安排在本章讲述。

一般来说，换流方式可分为以下几种。

1. 器件换流

利用全控型器件的自关断能力进行换流称为器件换流。在采用 IGBT、电力 MOSFET、GTO、GTR 等全控型器件的电路中，其换流方式即为器件换流。

2. 电网换流

由电网提供换流电压称为电网换流。对于第 3 章讲述的相控整流电路，无论其工作在整流状态还是有源逆变状态，都是借助于电网电压实现换流的，都属于电网换流。5.1.2 节的三相交流调压电路的换流方式也都是电网换流。在换流时，只要把负的电网电压施加在欲关断的晶闸管上即可使其关断。这种换流方式不需要器件具有门极可关断能力，也不需要为换流附加任何元件，但是不适用于没有交流电网的无源逆变电路。

3. 负载换流

由负载提供换流电压称为负载换流。凡是负载电流的相位超前于负载电压的场合,都可以实现负载换流。当负载为电容性负载时,就可以实现负载换流。另外,当负载为同步电动机时,由于可以控制励磁电流使负载呈现为容性,因而也可以实现负载换流。

4. 强迫换流

设置附加的换流电路,给要关断的晶闸管强迫施加反向电压或反向电流的换流方式称为强迫换流。强迫换流通常利用附加电容上所储存的能量来实现,因此也称为电容换流。

上述 4 种换流方式中,器件换流只适用于全控型器件,其余 3 种方式主要是针对晶闸管而言的。器件换流和强迫换流都是因为器件或变流器自身的原因而实现换流的,二者都属于自换流;电网换流和负载换流不是依靠变流器内部的原因,而是借助于外部手段(电网电压或负载电压)实现换流的,它们属于外部换流。采用自换流方式的逆变电路称为自换流逆变电路,采用外部换流方式的逆变电路称为外部换流逆变电路。

当电流不是从一个支路向另一个支路转移,而是在支路内部终止流通而变为零,则称为熄灭。

6.2 电压型逆变电路

逆变电路是将直流逆变成交流,直流侧电源可以是直流电压源也可以是直流电流源,根据直流侧电源性质的不同可分为两种:直流侧是电压源的称为电压型逆变电路;直流侧是电流源的称为电流型逆变电路。它们也分别被称为电压源型逆变电路和电流源型逆变电路,本节主要介绍各种电压型逆变电路的基本构成、工作原理和特性。

图 6.2 是电压型逆变电路的一个例子,它是图 6.1 电路的具体实现。电压型逆变电路有以下主要特点:

(1) 直流侧为电压源(或并联有大电容,相当于电压源),直流侧电压基本无脉动,直流回路呈现低阻抗。

(2) 由于直流电压源的钳位作用,交流侧输出电压波形为矩形波,并且与负载阻抗角无关；而交流侧输出电流波形和相位因负载阻抗情况的不同而不同。

(3) 交流侧为阻感负载时需要提供无功功率，直流侧电容起缓冲无功能量的作用。为了给交流侧向直流侧反馈的无功能量提供通道，逆变桥各臂都并联了反馈二极管。

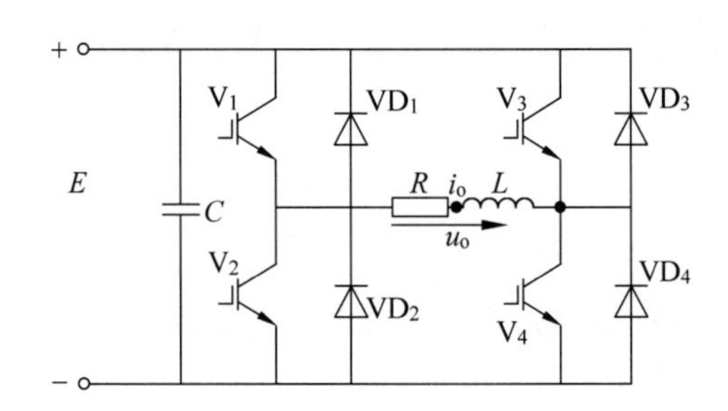

图 6.2 电压型逆变电路举例(全桥逆变电路)

6.2.1 单相电压型逆变电路

1. 半桥逆变电路

半桥逆变电路有两个桥臂，每个桥臂由可控器件和反并联二极管组成。负载连接在直流电源中点(直流侧两个相互串联大电容的中点)和两个桥臂连接点之间，如图 6.3(a)所示。

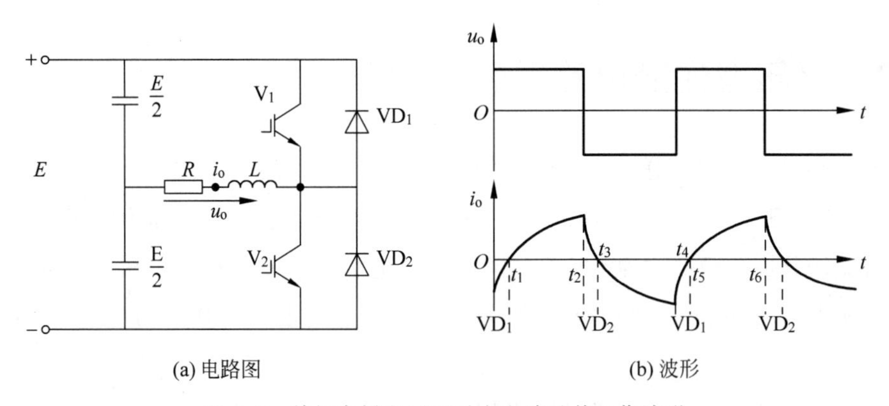

(a) 电路图 (b) 波形

图 6.3 单相半桥电压型逆变电路及其工作波形

开关器件 V_1 和 V_2 的栅极信号在一个周期内各有半周正偏、半周反偏，且二者互补。输出电压 u_o 为矩形波，其幅值为 $U_m=E/2$。输出电流 i_o 波形随负载情况而异。当负载为感性时，其工作波形如图 6.3(b)所示(各段时间内导通器件的名称标于图中)。

设 t_2 时刻以前 V_1 为通态,V_2 为断态。t_2 时刻给 V_1 关断信号,给 V_2 开通信号,则 V_1 关断,但感性负载中的电流 i_o 不能立即改变方向,只能通过 VD_2 导通续流。当 t_3 时刻 i_o 降为零时,VD_2 截止,V_2 开通,i_o 开始反向。同样,在 t_4 时刻给 V_2 关断信号,给 V_1 开通信号后,V_2 关断,VD_1 先导通续流,t_5 时刻 V_1 才开通。

当 V_1 或 V_2 为通态时,负载电流和电压同方向,直流侧向负载提供能量;而当 VD_1 或 VD_2 为通态时,负载电流和电压反向,负载电感中储存的能量向直流侧反馈,即负载电感将其吸收的无功能量反馈回直流侧。反馈回的能量暂时储存在直流侧电容器中,直流侧电容器起着缓冲这种无功能量的作用。因为二极管 VD_1、VD_2 是负载向直流侧反馈能量的通道,故称为反馈二极管;又因为 VD_1、VD_2 起着使负载电流连续的作用,因此又称为续流二极管。

由于每次换流都是在同一相上下两个桥臂之间进行的,这种换流方式又称为纵向换流。为了防止上、下两个桥臂的开关器件同时导通而引起直流侧电源的短路,应采用"先断后通"的方法。先给应关断的器件关断信号,留一定的时间裕量,待其可靠关断后,然后再给应导通的器件发出开通信号,即在两者之间留一个短暂的死区时间。死区时间的长短要视器件的开关速度而定,器件的开关速度越快,所留的死区时间就可以越短。这一"先断后通"的方法适用于纵向换流的其他电路。

如果采用半控器件时,必须附加强迫换流电路才能使逆变电路正常工作。

半桥逆变电路的优点是电路简单、使用器件少;缺点是电源利用率低,输出交流电压的幅值 U_m 仅为 $E/2$,工作时还需控制直流侧两个电容器的均衡。因此,半桥型电路常用于几千瓦以下的小功率逆变电源。半桥逆变电路是单相全桥逆变电路、三相桥式逆变电路的基本单元。

2. 全桥逆变电路

电压型全桥逆变电路的原理图已在图 6.1 中给出,它共有 4 个桥臂,可以看成由两个半桥电路组合而成。将桥臂上的开关元件 V_1 和 V_4 作为一对,V_2 和 V_3 作为另一对,成对的开关元件分别交替各导通 180°。输出电压 u_o 的波形和图 6.3(b)的半桥电路的波形 u_o 形状相同,也是矩形波,但其幅值高出一倍,即 $U_m=E$。在直流电压和负载都相同的情况下,其输出电流 i_o 的波形当然也和图 6.3(b)中的 i_o 形状相同,仅幅值增加一倍。图 6.3 中的 VD_1、V_1、VD_2、V_2 相继导通的区间,分别对应于图 6.4 的 VD_1 和 VD_4、V_1 和 V_4、VD_2 和 VD_3、V_2 和 V_3 相继导通的区间。无功能量的交换也类似于半桥型逆变电路。

全桥逆变电路是单相逆变电路中应用最多的。将 u_o 展开成傅里叶级数得

$$u_o=\frac{4E}{\pi}\left(\sin\omega t+\frac{1}{3}\sin3\omega t+\frac{1}{5}\sin5\omega t+\cdots\right) \tag{6-1}$$

其中，基波的 U_{o1m} 和基波有效值 U_{o1} 分别为

$$U_{o1m}=\frac{4E}{\pi}=1.27E \tag{6-2}$$

$$U_{o1}=\frac{2\sqrt{2}E}{\pi}=0.9E \tag{6-3}$$

上述公式也是适用于半桥逆变电路，但式中的 E 应更换成 $E/2$。

前面分析的都是 u_o 为正负电压各为 180°的脉冲波形，要改变输出交流电压 u_o 的有效值只能通过改变直流电压 E 实现。

当负载为阻感负载时，可以采用移相的方式调节逆变电路的输出电压，这种方式称为移相调压。移相调压实际上就是调节输出电压脉冲的宽度。在图 6.4(a)所示的单相全桥逆变电路中，各 IGBT 的栅极信号仍为正负半波各为 180°的方波，并且 V_1 和 V_2 的栅极信号互补，V_3 和 V_4 的栅极信号互补，但 V_3 的基极信号比 V_1 落后 $\theta(0<\theta<180°)$。也就是说，V_3、V_4 的栅极信号不是分别和 V_2、V_1 的栅极信号同相位，而是前移了 $180°-\theta$。这样，输出电压 u_o 就不再是正负各为 180°的脉冲，而是正负各为 θ 的脉冲，各 IGBT 的栅极信号 $u_{G1}\sim u_{G4}$ 及输出电压 u_o、输出电流 i_o 的波形如图 6.4(b)所示。

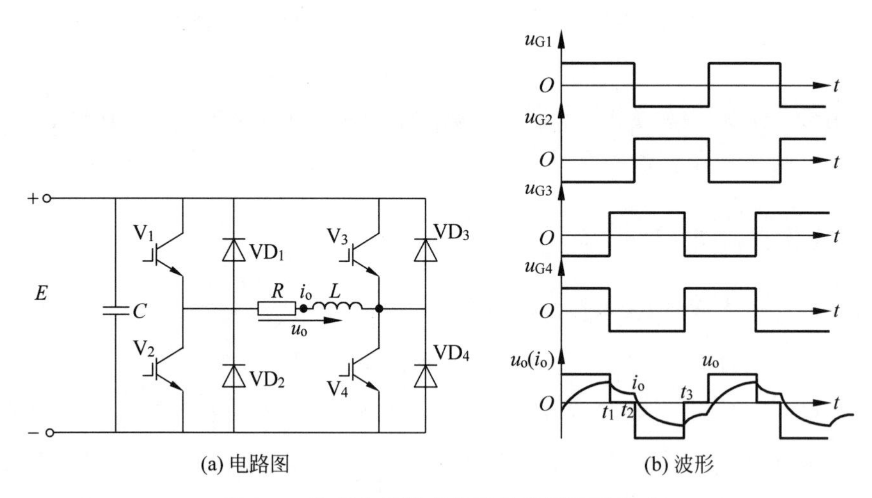

图 6.4　单相全桥逆变电路的移相调压方式

下面对其工作过程进行具体分析。

设在 t_1 时刻前 V_1 和 V_4 导通，输出电压 u_o 为 E，t_1 时刻 V_3 和 V_4 栅极控制信号

相反，V_4 截止，而因负载电感中的电流 i_o 不能突变，V_3 不能立刻导通，VD_3 导通续流。因为 V_1 和 VD_3 同时导通，所以输出电压为零。到 t_2 时刻，V_1 和 V_2 栅极信号反向，V_1 截止，而 V_2 不能立刻导通，VD_2 导通续流，和 VD_3 构成电流通道，输出电压为 $-E$。到负载电流过零并开始反向时，VD_2 和 VD_3 截止，V_2 和 V_3 开始导通，u_o 仍为 $-E$。t_3 时刻 V_3 和 V_4 栅极信号再次反向，V_3 截止，而 V_4 不能立刻导通，VD_4 导通续流，u_o 再次为零。以后的过程与前面类似。这样，输出电压 u_o 的正负脉冲宽度就各为 θ。改变 θ，就可以调节输出电压。

在纯电阻负载时，采用上述移相方法也可以得到相同的结果，只是 $VD_1 \sim VD_4$ 不再导通，不起续流作用。在 u_o 为零期间，4 个桥臂均不导通，负载也没有电流。

显然，上述移相调压方式并不适用于半桥逆变电路。不过在纯电阻负载时，仍可采用改变正负脉冲宽度的方法调节半桥逆变电路的输出电压。这时，上下两桥臂的栅极信号正偏的宽度为 θ，反偏的宽度为 $180° - \theta$，二者相位差为 $180°$。这时输出电压 u_o 也是正负脉冲的宽度各为 θ。

3. 仿真电路

利用 Multisim 仿真单相全桥逆变电路，及 $L = 1\text{H}$ 时阻感性负载的输出电压与电流的波形如图 6.5 所示。

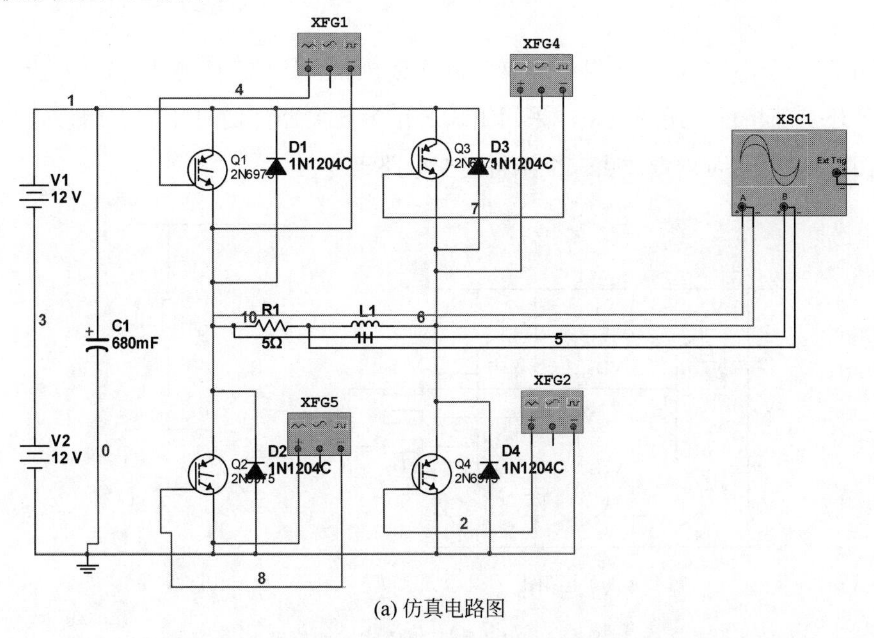

(a) 仿真电路图

图 6.5　单相全桥逆变电路仿真电路及输出波形

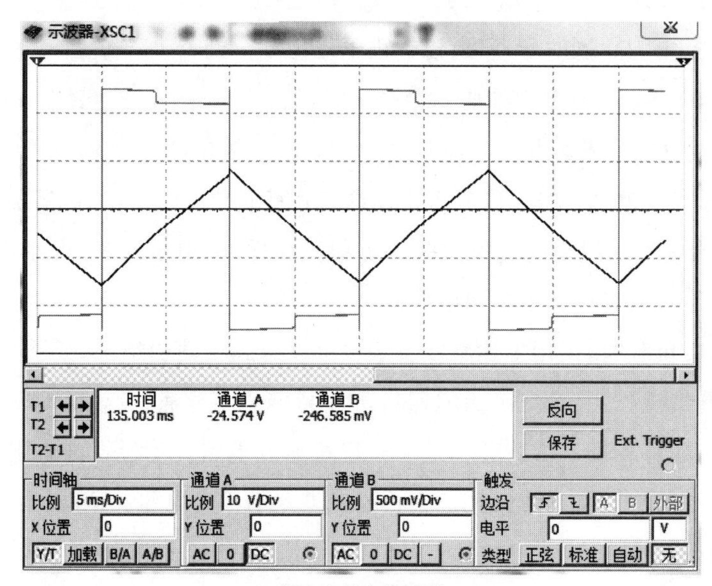

(b) 输出电压电流波形

图 6.5 （续）

6.2.2 三相电压型逆变电路

用三个单相逆变电路可以组合成三相逆变电路。但在三相逆变电路中，应用最为广泛的还是三相桥式逆变电路。采用 IGBT 作为开关器件的电压型三相桥式逆变电路如图 6.6 所示，可以看成由三个半桥逆变电路组成。

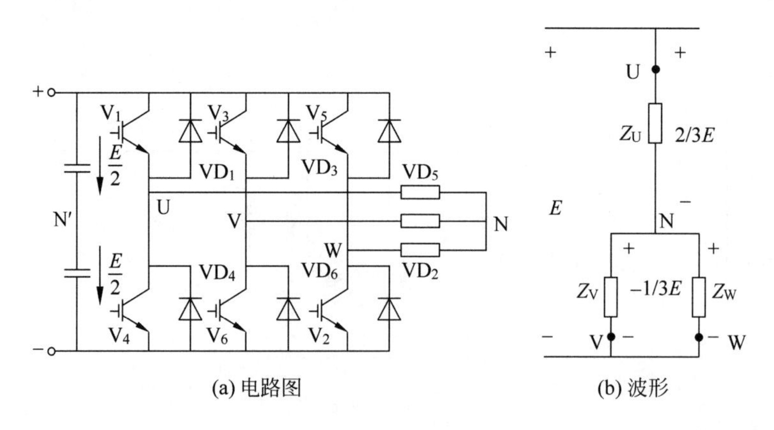

(a) 电路图　　(b) 波形

图 6.6 电压型三相桥式逆变电路

电路的基本工作方式是导电方式 180°，即每个桥壁的主控管导通角为 180°，同一相上下桥臂主控管交替通断，各相导通的时间依次相差 120°，例如导通时间 V_1 比 V_3 超前，从而 V_3 比 V_5 就超前 120°，由于每次换相总在同一相上下两个桥臂管进行的，因此称为纵向换相。这种 180°导电方式，在任一瞬间电路总是有三个桥臂的管同时导通工作。若是上面一个桥臂的管与下面两个桥臂的管配合工作，这时上面桥臂负载的相电压为 $2/3E$，而下面桥臂的负载电压的每相负载电压为 $-1/3E$。若是上面两个桥臂的管与下面一个桥臂的管配合工作，那么这时三相负载的相电压刚好相反。按以上原则不难得到如图 6.7 所示的三相负载的相电压及线电压波形。例如在 60°～120°，逆变电路导通的 IGBT 为 V_1、V_5 与 V_2，其等值电路如图 6.5(b)所示。这区间

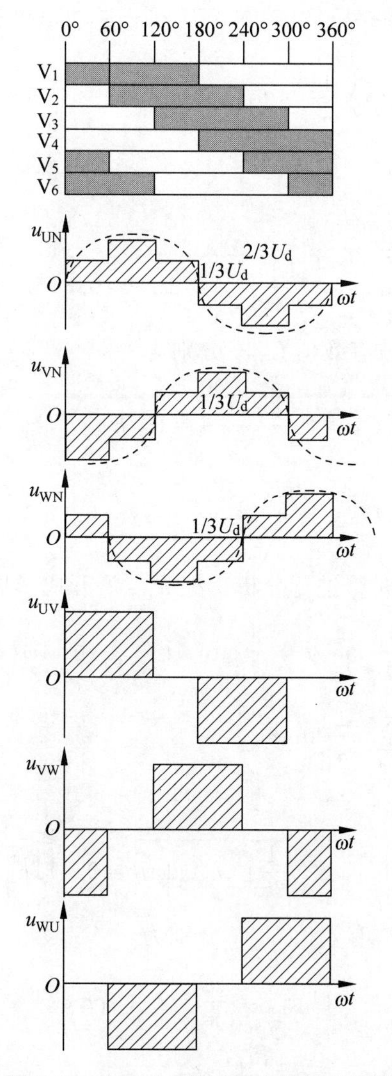

图 6.7 电压型三相逆变电路输出波形

三相逆变器输出的各相电压及线电压分别如下，请读者自行分析。

$$\begin{cases} u_{\mathrm{UN}}=u_{\mathrm{U}}=\dfrac{2}{3}E, & u_{\mathrm{UV}}=u_{\mathrm{U}}-u_{\mathrm{V}}=E \\ u_{\mathrm{VN}}=u_{\mathrm{V}}=-\dfrac{1}{3}E, & u_{\mathrm{VW}}=u_{\mathrm{V}}-u_{\mathrm{W}}=0 \\ u_{\mathrm{WN}}=u_{\mathrm{W}}=-\dfrac{1}{3}E, & u_{\mathrm{WU}}=u_{\mathrm{W}}-u_{\mathrm{U}}=-E \end{cases} \tag{6-4}$$

下面对三相桥式逆变电路的输出电压进行定量分析。把输出线电压 u_{UV} 展开成傅里叶级数得

$$\begin{aligned} u_{\mathrm{UV}} &= \frac{2\sqrt{3}E}{\pi}\left(\sin\omega t-\frac{1}{5}\sin5\omega t-\frac{1}{7}\sin7\omega t+\frac{1}{11}\sin11\omega t+\frac{1}{13}\sin13\omega t-\cdots\right) \\ &= \frac{2\sqrt{3}E}{\pi}\left[\sin\omega t+\sum_{n}\frac{1}{n}(-1)^{k}\sin n\omega t\right] \end{aligned} \tag{6-5}$$

式中，$n=6k\pm1$，k 为自然数。

输出线电压有效值 U_{UV} 为

$$U_{\mathrm{UV}}=\sqrt{\frac{1}{2\pi}\int_{0}^{2\pi}u_{\mathrm{UV}}^{2}\mathrm{d}\omega t}=0.816E \tag{6-6}$$

基波幅值 U_{UV1m} 和基波有效值 U_{UV1} 分别为

$$U_{\mathrm{UV1m}}=\frac{2\sqrt{3}U_{\mathrm{d}}}{\pi}=1.1E \tag{6-7}$$

$$U_{\mathrm{UV1}}=\frac{U_{\mathrm{UV1m}}}{\sqrt{2}}=\frac{\sqrt{6}}{\pi}U_{\mathrm{d}}=0.78E \tag{6-8}$$

下面再对负载相电压 u_{UN} 进行分析。把 u_{UN} 展开成傅里叶级数得

$$\begin{aligned} u_{\mathrm{UN}} &= \frac{2E}{\pi}\left(\sin\omega t+\frac{1}{5}\sin5\omega t+\frac{1}{7}\sin7\omega t+\frac{1}{11}\sin11\omega t+\frac{1}{13}\sin13\omega t+\cdots\right) \\ &= \frac{2E}{\pi}\left[\sin\omega t+\sum_{n}\frac{1}{n}\sin n\omega t\right] \end{aligned} \tag{6-9}$$

负载相电压有效值 U_{UN} 为

$$U_{\mathrm{UN}}=\sqrt{\frac{1}{2\pi}\int_{0}^{2\pi}u_{\mathrm{UN}}^{2}\mathrm{d}\omega t}=0.471E \tag{6-10}$$

基波幅值 U_{UN1m} 和基波有效值 U_{UN1} 分别为

$$U_{\mathrm{UN1m}}=\frac{2E}{\pi}=0.637E \tag{6-11}$$

$$U_{\mathrm{UN1}}=\frac{U_{\mathrm{UN1m}}}{\sqrt{2}}=0.45E \tag{6-12}$$

在上述180°导电方式逆变器中，为了防止同一相上下两臂的开关器件同时导通而引起直流侧电源的短路，要采取“先断后通”的方法。即先给应关断的器件关断信号，待其关断后留一定的时间裕量，然后再给应导通的器件发出开通信号，即在两者之间留一个短暂的死区时间。死区时间的长短要视器件的开关速度而定，器件的开关速度越快，所留的死区时间就可以越短。这一“先断后通”的方法对于工作在上下桥臂通断互补方式下的其他电路也是适用的。显然，前述的单相半桥和全桥逆变电路也必须采取这一方法。

【例6-1】 三相桥式电压型逆变电路，180°导电方式，$E=100\text{V}$。试求输出相电压的基波幅值U_{UN1m}和有效值U_{UN1}，输出线电压的基波幅值U_{UV1m}和有效值U_{UV1}，输出线电压中7次谐波的有效值U_{UV7}。

解：$U_{\text{UN1}}=\dfrac{U_{\text{UN1m}}}{\sqrt{2}}=0.45E=0.45\times 100=45(\text{V})$

$$U_{\text{UN1m}}=\frac{2E}{\pi}=0.637E=0.637\times 100=63.7(\text{V})$$

$$U_{\text{UV1m}}=\frac{2\sqrt{3}E}{\pi}=1.1E=1.1\times 100=110(\text{V})$$

$$U_{\text{UV1}}=\frac{U_{\text{UV1m}}}{\sqrt{2}}=\frac{\sqrt{6}}{\pi}E=0.78E=0.78\times 100=78(\text{V})$$

$$U_{\text{UV7}}=\frac{U_{\text{UV1}}}{7}=\frac{\sqrt{6}}{7\pi}E=0.11E=0.11\times 100=11(\text{V})$$

6.3 电流型逆变电路

直流侧电源为电流源的逆变电路称为电流型逆变电路，如图6.8所示，实际上理想直流电流源并不多见，一般是在逆变电路直流侧串联一个大电感，因为大电感中的电流脉动很小，因此可以近似看成直流电流源。

如图6.8所示的电流型三相桥式逆变电路就是电流型逆变电路的一个例子。图中的GTO使用反向阻断型器件。假如使用反向导电型GTO，必须给每个GTO串联二极管以承受反向电压。图中的交流侧电容器是为吸收换流时负载电感中存储的能量而设置的，是电流型逆变电路必要组成部分。

电流型逆变电路有以下主要特点：

(1) 直流侧为电流源(串联大电感，相当于电流源)，直流侧电流基本无脉动，直流回路呈现高阻抗。

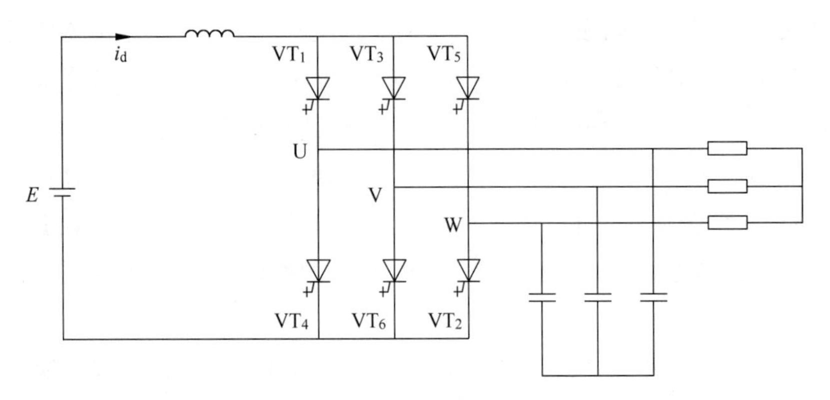

图 6.8 电流型三相桥式逆变电路

(2) 电路中开关器件的作用仅是改变直流电流的流通路径,因此交流侧输出电流为矩形波,并且与负载阻抗角无关;交流侧输出电压波形和相位则因负载阻抗情况的不同而不同。

(3) 当交流侧为阻感负载时需要提供无功功率,直流侧电感起缓冲无功能量的作用。因为反馈无功能量时直流电流并不反向,因此不必像电压型逆变电路那样要给开关器件反并联二极管。

6.4 有源逆变

无源逆变电路是将直流电能变为交流的电能输出至负载。这种逆变电路中开关器件的换流是靠全控器件本身驱动信号的撤出实现的。如果逆变电路中开关器件采用无自关断能力的晶闸管,则必须在电路中附加换流电路。如果逆变器将直流电能变为交流电能输出给交流电网,依靠交流电网电压周期性的反向使逆变电路处于通态的开关器件承受反向电压而关断,那么这种逆变电路中的开关器件就可以不用全控器件而采用无自关断能力的晶闸管。这种把直流电能变为交流电能反送给交流电网的逆变称为有源逆变。对于相控整流电路,只要满足一定的条件,就可以实现有源逆变,此时将其称为相控有源逆变电路,通常将既可工作于整流状态又可工作于逆变状态的相控整流电路称为变流电路。相控有源逆变主要用于直流可逆调速、交流绕线式异步电动机串级调速及高压直流输电等场合。

6.4.1 直流发电机-电动机系统电能的流转

如图 6.9 所示直流发电机-电动机系统中,M 为电动机,G 为发电机,励磁回路未画出。控制发电机电动势的大小和极性,可实现电动机四象限的运转状态。

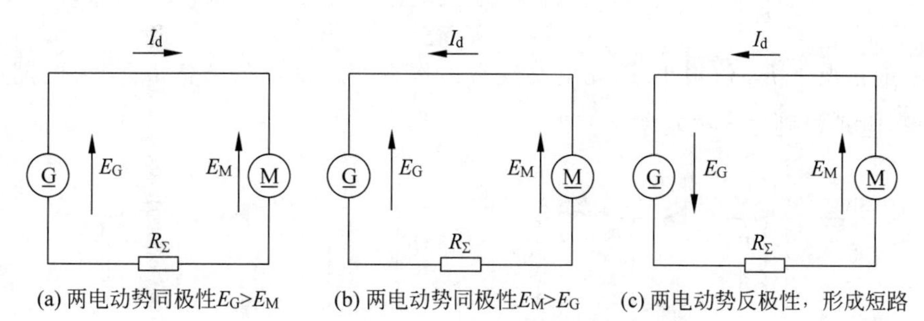

图 6.9　直流发电机-电动机之间电能的流转

在图 6.9(a)中,M 作电动运转,$E_G>E_M$,电流 I_d 从 G 流向 M,I_d 的值为

$$I_d=\frac{E_G-E_M}{R_\Sigma}$$

式中,R_Σ 为主回路的电阻。

由于 I_d 和 E_G 同方向,与 E_M 反方向,故 G 输出电功率 $E_G I_d$,M 吸收电功率 $E_M I_d$,电能由 G 流向 M,转变为 M 轴上输出的机械能,R_Σ 上是热耗。

图 6.9(b)所示是回馈制动状态,M 作发电运转,此时,$E_M>E_G$,电流反向,从 M 流向 G,其值为

$$I_d=\frac{E_M-E_G}{R_\Sigma}$$

此时 I_d 和 E_M 同方向,与 E_G 反方向,故 M 输出电功率,G 则吸收电功率,R_Σ 上总是热耗,M 轴上输入的机械能转变为电能反送给 G。

再看图 6.9(c),这时两电动势顺向串联,向电阻 R_Σ 供电,G 和 M 均输出功率,由于 R_Σ 一般都很小,实际上形成短路,在工作中必须严防这类事故发生。

可见两个电动势同极性相接时,电流总是从电动势高的流向电动势低的,由于回路电阻很小,即使很小的电动势差值也能产生大的电流,使两个电动势之间交换很大的功率,这对分析有源逆变电路是非常有用的。

6.4.2　逆变产生的条件

以单相全波电路代替上述发电机,给电动机供电,如图 6.10 所示,分析此时电路内电能的流向。设电动机 M 作电动机运行,全波电路应工作在整流状态,α 的范围在 $0\sim\pi/2$ 间,直流侧输出电压平均值 U_d 为正值,并且 $U_d>E_M$,如图 6.10(a)所示,才能输出电流平均值 I_d,其值为

$$I_d = \frac{U_d - E_M}{R_\Sigma}$$

一般情况下 R_Σ 值很小，因此电路经常工作在 $U_d \approx E_M$ 的条件下，交流电网输出电功率，电动机则输入电功率。

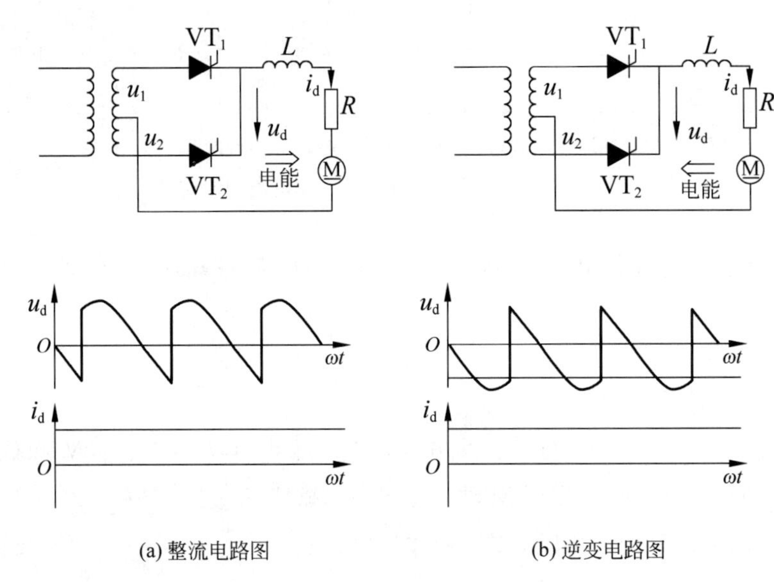

图 6.10　单相全波电路的整流和逆变

在图 6.10(b)中，电动机 M 作发电回馈制动运行，由于晶闸管器件的单向导电性，电路内 I_d 的方向依然不变，欲改变电能的输送方向，只能改变 E_M 的极性。为了防止两电动势顺向串联，U_d 的极性也必须反过来，即 U_d 应为负值，且 $|E_M|>|U_d|$，才能把电能从直流侧送到交流侧，实现逆变。这时 I_d 为

$$I_d = \frac{E_M - U_d}{R_\Sigma}$$

电路内电能的流向与整流时相反，电动机输出电功率，电网吸收电功率。电动机轴上输入的机械功率愈大，则逆变的功率也愈大。为了防止过电流，同样应满足 $E_M \approx U_d$ 条件，E_M 的大小取决于电动机的转速，而 U_d 可通过改变 α 进行调节，由于逆变状态时 U_d 为负值，α 在逆变时的范围应在 $\pi/2 \sim \pi$。

在逆变工作状态下，虽然晶闸管的阳极电位大部分处于交流电压为负的半周期，但由于有外接直流电动势 E_M 的存在，使晶闸管仍能承受正向电压而导通。

从上述分析中，可归纳出产生逆变的条件有二：

(1) 要有直流电动势，其极性须和晶闸管的导通方向一致，其值应大于变流电路直流侧的平均电压；

(2) 要求晶闸管的控制角 $\alpha>\pi/2$，使 U_d 为负值。

两者必须同时具备才能实现有源逆变。

必须指出，半控桥或有续流二极管的电路，因其整流电压 u_d 不能出现负值，也不允许直流侧出现负极性的电动势，故不能实现有源逆变。要实现有源逆变，只能采用全控电路。

6.4.3 三相桥整流电路的有源逆变工作状态

三相有源逆变比单相有源逆变要复杂些，但我们知道整流电路带反电动势、阻感负载时，整流输出电压与控制角间存在着余弦函数关系，即

$$U_d=U_{d0}\cos\alpha$$

逆变和整流的区别仅仅是控制角 α 的不同。$0<\alpha<\pi/2$ 时，电路工作在整流状态，$\pi/2<\alpha<\pi$ 时，电路工作在逆变状态。

为实现逆变，需要一个反向的 E_M，而 U_d 在上式中因 α 大于 $\pi/2$ 已自动变为负值，完全满足逆变的条件，因而可延用整流方法处理逆变时有关波形与参数计算等各项问题。

为分析和计算方便起见，通常把 $\alpha>\pi/2$ 时的控制角用 $\beta=\pi-\alpha$ 表示，β 称为逆变角。控制角 α 是以自然换相点作为计量起始点的，由此向右方计量，而逆变角 β 和控制角 α 的计量方向相反，其大小自 $\beta=0$ 的起始点向左方计量，$\alpha+\beta=\pi$，$\beta=\pi-\alpha$。

三相桥式电路工作于有源逆变状态，不同逆变角时的输出电压波形及晶闸管两端电压波形如图 6.11 所示。

关于有源逆变状态时各电量的计算，归纳如下：

$$U_d=-2.34U_2\cos\beta=-1.35U_{2L}\cos\beta \tag{6-13}$$

输出直流电流的平均值亦可用整流公式，即

$$I_d=\frac{U_d-E_M}{R_\Sigma}$$

在逆变状态时 U_d 和 E_M 的极性都与整流状态时相反，均为负值。

每个晶闸管导通 $2\pi/3$，故流过晶闸管的电流有效值为(忽略直流电流 i_d 的脉动)

$$I_{VT}=\frac{I_d}{\sqrt{3}}=0.577I_d \tag{6-14}$$

从交流电源送到直流侧负载的有功功率为

$$P_d=R_\Sigma I_d^2+E_M I_d \tag{6-15}$$

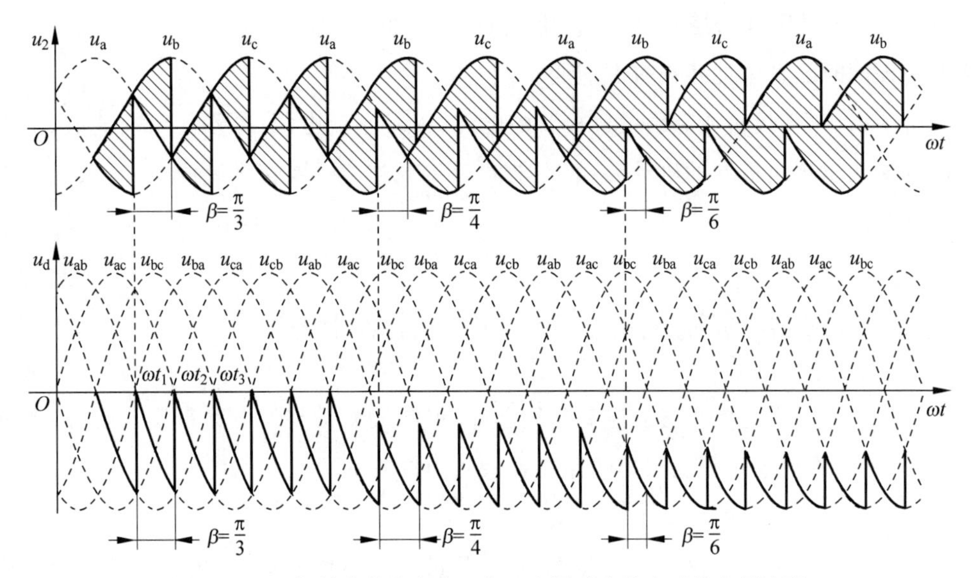

图 6.11 三相桥式整流电路工作于有源逆变状态时的电压波形

当逆变工作时，由于 E_M 为负值，故 P_d 为负值，表示功率由直流电源输送到交流电源。

在三相桥式电路中，每个周期内流经电源的线电流的导通角为 4π/3，是每个晶闸管导通角 2π/3 的两倍，因此变压器二次线电流的有效值为

$$I_2=\sqrt{2}I_{VT}=\sqrt{\frac{2}{3}}I_d=0.816I_d \tag{6-16}$$

6.4.4 逆变失败与最小逆变角的限制

逆变运行时，一旦发生换相失败，外接的直流电源就会通过晶闸管电路形成短路；或者使变流器的输出平均电压和直流电动势变成顺向串联，由于逆变电路的内阻很小，形成很大的短路电流，这种情况称为逆变失败，或称为逆变颠覆。

1. 逆变失败的原因

造成逆变失败的原因很多，主要有下列四种情况：

（1）触发电路工作不可靠，不能适时、准确地给各晶闸管分配脉冲，如脉冲丢失、脉冲延时等，致使晶闸管不能正常换相，使交流电源电压和直流电动势顺向串联，形成短路。

（2）晶闸管发生故障，在应该阻断期间，器件失去阻断能力，或在应该导通期间，器件不能导通，造成逆变失败。

(3) 在逆变工作时，交流电源发生缺相或突然消失，由于直流电动势 E_M 的存在，晶闸管仍可导通，此时变流器的交流侧由于失去了同直流电动势极性相反的交流电压，因此直流电动势将通过晶闸管使电路短路。

(4) 换相的裕量角不足，引起换相失败，应考虑变压器漏抗引起重叠角对逆变电路换相的影响，如图 6.12 所示。

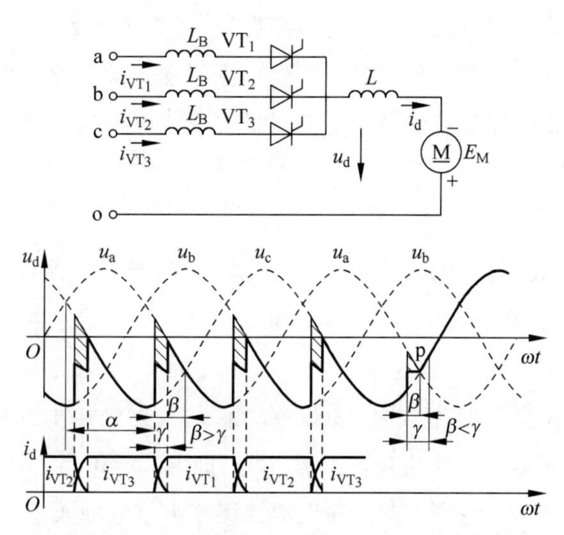

图 6.12　交流侧电抗对逆变换相过程的影响

由于换相有一个过程，且换相期间的输出电压是相邻两电压的平均值，故逆变电压 U_d 要比不考虑漏抗时的更低(负的幅值更大)。存在重叠角会给逆变工作带来不利的后果，例如，以 VT_3 和 VT_4 的换相过程来分析，当逆变电路工作在 $\beta>\gamma$ 时，经过换相过程后，a 相电压 u_a 仍高于 c 相电压 u_c，所以换相结束时，能使 VT_3 承受反压而关断。如果换相的裕量角不足，即当 $\beta<\gamma$ 时，从图 6.12 右下角的波形中可清楚地看到，换相尚未结束，电路的工作状态到达自然换相点 p 点之后，u_c 将高于 u_a，晶闸管 VT_1 承受反压而重新关断，使得应该关断的 VT_3 不能关断却继续导通，且 c 相电压随着时间的推迟愈来愈高，电动势顺向串联导致逆变失败。

综上所述，为了防止逆变失败，不仅逆变角 β 不能等于零，而且不能太小，必须限制在某一允许的最小角度外。

当变流器工作在逆变状态时，由于种种原因，会影响逆变角，如不考虑裕量，势必有可能破坏 $\beta>\beta_{min}$ 的关系，导致逆变失败。在三相桥式逆变电路中，触发器输出的 6 个脉冲，它们的相位角间隔不可能完全相等，有的比期望值偏前，有的偏后，这种脉冲的不对称程度一般可达 5°，若不设安全裕量角，偏后的那些脉冲相当于 β 变小，就可能小于 β_{min}，导致逆变失败。根据一般中小型可逆直流拖动的运行经验，θ' 值约取 10°。

这样最小 β 一般取 30°～35°。设计逆变电路时，必须保证 $\beta \geqslant \beta_{min}$，因此常在触发电路中附加一个保护环节，保证触发脉冲不进入小于 β_{min} 的区域内。

知识拓展

汽车由最原始的代步方式转变为生活必需品，现在又开始由生活必需品向享受生活的层面过渡了。有车族在户外需要使用的电子设备越来越多，如汽车音响、车用冰箱、手提电脑、手机充电器和各种电源适配器。鉴于该应用的广泛性，设计一个车载逆变器。

设计思路：

前级升压主电路由低压输入滤波电感、滤波电容、推挽变换器、高频变压器、整流二极管、高压滤波电感和滤波电容构成，如图 6.13 所示，虚线左侧为升压电路主电路。推挽变换器左侧为推挽逆变器，逆变器由具有中心抽头的变压器 T、两只开关管 Q_1、Q_2 构成，Q_1 和 Q_2 是完全对称结构，且 Q_1 和 Q_2 的发射极接电源负极，不需要隔离，驱动十分方便。变压器两个原边绕组匝数相等，即 $W_{11}=W_{12}=W_1$，副边绕组匝数为 W_2。变换器右侧是整流、滤波电路。输入端二极管为直流输入反接保护二极管，正常工作时，D_1 反偏截止，不起作用；当输入电压正负极性反接时，D_1 导通，把接入电路中的保险丝熔断，并断开与电源的连接，起到保护作用。故障排除后，需更换保险丝，方能正常工作。D_3～D_6 为高频整流二极管。

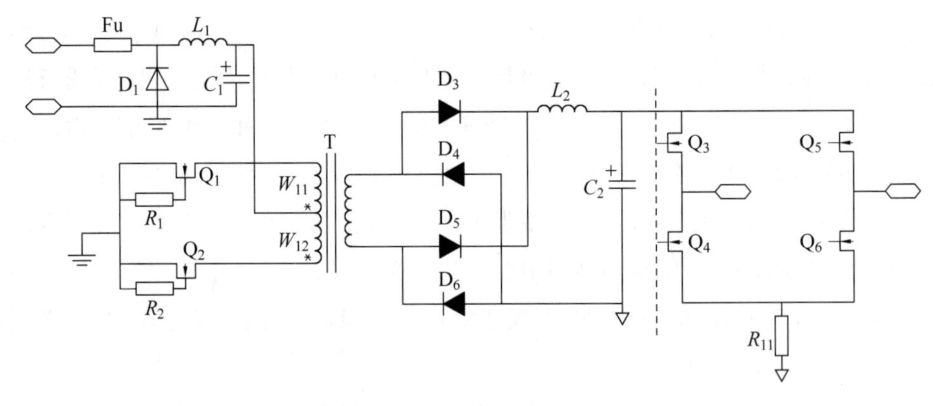

图 6.13 车载变压器原理图

工作原理如下，开关管 Q_1 和 Q_2 的触发信号互成 180°，即 Q_2 触发高电平时，Q_1 没有触发信号(触发信号为低电平)，开关管 Q_2 导通，Q_1 截止。当 Q_2 导通时，电源电压 V_m 经原边绕组 W_{12} 和开关管 Q_2 回到电源负端，电源电压 V_m 在 W_{12} 绕组感应出与电源电压相等的电势,“ * ”端为“负”极性。Q_1 导通时,电源电压 V_m 加在绕组 W_{11} 上,同名端“ * ”为“正”极性,故副边绕组 W_2 中的电势为一个180°宽的方波交变电势,幅度值为 $V_m=\frac{W_2}{W_1}$。不难看出,推挽直流变换器是两个正激变换器的组合,这两个正激变换器的开关管轮流导通,故变压器铁心是交变磁通。

推挽变换器功率管 Q_1 和 Q_2 为MOSFET,采用PWM控制技术,控制芯片为KA7500B。高频整流二极管 D_3～D_6 为快恢复二极管,提高开关频率可以减小变压器体积,降低成本,提高该电源的功率密度。但是,随着频率的提高,开关损耗也随之增加,对散热要求较高。同时,变压器体积的减小,也给绕制带来不便。若开关频率过高,开关管损耗太大,对系统散热要求较高,同时降低了整个系统效率；若开关频率选得过低,又将增加变压器体积,导致整个电源体积增大,成本增加。在实验中选择开关频率为18kHz。

本章小结

与整流相对应,把直流电变成交流电称为逆变。当交流侧接在电网上,即交流侧接有电源时,称为有源逆变；当交流侧直接和负载连接时,称为无源逆变。

电压型逆变电路有以下主要特点：

(1) 直流侧为电压源,或并联有大电容,相当于电压源；直流侧电压基本无脉动,直流回路呈现低阻抗。

(2) 由于直流电压源的钳位作用,交流侧输出电压波形为矩形波,并且与负载阻抗角无关。而交流侧输出电流波形和相位因负载阻抗情况的不同而不同。

(3) 交流侧为阻感负载时需要提供无功功率,直流侧电容起缓冲无功能量的作用；为了给交流侧向直流侧反馈的无功能量提供通道,逆变桥各臂都并联了反馈二极管。

电流型逆变电路有以下主要特点：

(1) 直流侧串联大电感,相当于电流源；直流侧电流基本无脉动,直流回路呈现高阻抗。

(2) 电路中开关器件的作用仅是改变直流电流的流通路径,因此交流侧输出电流为矩形波,并且与负载阻抗角无关；交流侧输出电压波形和相位则因负载阻抗情况的不同而不同。

(3) 当交流侧为阻感负载时需要提供无功功率,直流侧电感起缓冲无功能量的作用。因为反馈无功能量时直流电流并不反向,因此不必像电压型逆变电路那样要给开关器件反并联二极管。

本章内容结构:

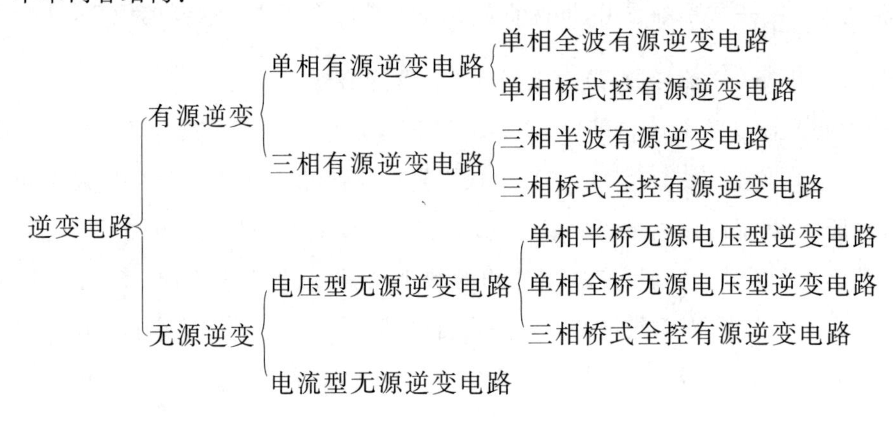

习题

一、填空题

1. 把直流电变成交流电的电路称为________,当交流侧有电源时称为________,当交流侧无电源时称为________。

2. 逆变电路可以根据直流侧电源性质不同分类,当直流侧是电压源时,称此电路为________,当直流侧为电流源时,称此电路为________。

3. 半桥逆变电路输出交流电压的幅值 U_m 为________ U_d,全桥逆变电路输出交流电压的幅值 U_m 为________ U_d。

4. 三相电压型逆变电路中,每个桥臂的导电角度为________,各相开始导电的角度依次相差________,在任一时刻,有________个桥臂导通。

5. 电压型逆变电路一般采用________器件,换流方式为________;电流型逆变电路中,较多采用________器件,换流方式有的采用 ________,有的采用________。

6. 单相电流型逆变电路采用________换相的方式来工作的,其中电容 C 和 L、R 构成________电路。

7. 三相电流型逆变电路的基本工作方式是________导电方式,按 $VT_1 \sim VT_6$ 的顺序每隔________依次导通,各桥臂之间换流采用 ________换流方式。

二、简答题

1. 画出逆变电路的基本原理图并阐述其原理。

2. 无源逆变电路和有源逆变电路有何不同?

3. 换流方式有哪几种？各有什么特点？

4. 什么是电压型逆变电路？什么是电流型逆变电路？两者各有什么特点。

5. 电压型逆变电路中反馈二极管的作用是什么？为什么电流型逆变电路中没有反馈二极管？

6. 三相桥式电压型逆变电路：当该电路采用输出为方波的180°导电方式时，试画出$U_{UN'}$、U_{UV}和$U_{NN'}$的波形。

三、计算题

三相桥式电压型逆变电路，180°导电方式，$U_d=100V$。试求输出相电压的基波幅值U_{UN1m}和有效值U_{UN}，输出线电压的基波幅值U_{UV1m}和有效值U_{UV1}。

第7章

PWM 控制技术

学习目标与重点

- 掌握 PWM 控制的基本原理；
- 重点掌握 PWM 控制的计算法和调制法；
- 重点掌握异步调制和同步调制的调制方式；
- 了解 PWM 整流电路及其控制方法。

关键术语

PWM 控制；载波比；异步调制；同步调制

【应用导入】 用开关调节器调光

基于开关调节器的 LED 驱动需要一些特别考虑，以便于每秒钟关掉和开启成百上千次。用于通常供电的调节器常常有一个开启或关掉针脚用开关调节器调光。应用本章的 PWM 技术来实现电力电子器件的开关控制。

PWM(Pulse Width Modulation)控制就是对脉冲的宽度进行调制的技术，即通过对一系列脉冲的宽度进行调制，来等效地获得所需要的波形(含形状和幅值)。

PWM 控制技术对读者来说并不完全陌生，在第 4 章、第 6 章都已涉及这方面的内容。

直流斩波电路实际上采用的就是 PWM 技术。这种电路把直流电压“斩”成一系列脉冲，改变脉冲的占空比来获得所需的输出电压。改变脉冲的占空比就是对脉冲宽度进行调制，只是因为输入电压和所需要的输出电压都是直流电压，因此脉冲既是等幅的，也是等宽的。仅仅是对脉冲的占空比进行控制，这是 PWM 控制中最为简单的一种情况。

斩控式交流调压电路的输入电压和输出电压都是正弦波交流电压，且二者频率相同，只是输出电压的幅值要根据需要来调节。因此，斩控后得到的 PWM 脉冲的幅值是按正弦波规律变化的，而各脉冲的宽度是相等的，脉冲的占空比根据所需要的输出输入电压比来调节。矩阵式变频电路的情况更为复杂，其输出电压也是正弦波交流，但和输入电压频率不等，且输出电压是由不同的输入线电压组合而成的，因此 PWM 脉冲既不等幅，也不等宽。

PWM 控制技术在逆变电路中的应用最为广泛，对逆变电路的影响也最为深刻。现在大量应用的逆变电路中，绝大部分都是 PWM 型逆变电路。可以说 PWM 控制技术正是有赖于在逆变电路中的应用，才发展得比较成熟，从而确定了它在电力电子技术中的重要地位。正因为如此，本章以逆变电路为主要控制对象来介绍 PWM 控制技术。之前的章节，只介绍了逆变电路的基本拓扑和工作原理，而没有涉及 PWM 控制技术。实际上，离开了 PWM 控制技术，对逆变电路的介绍就是不完整的。

近年来，PWM 技术在整流电路中也开始应用，并显示了突出的优越性。因此，本章在 7.4 节讲述其基本工作原理。

7.1　PWM 控制的基本原理

在采样控制理论中有一个重要的结论：冲量相等而形状不同的窄脉冲加在具有惯性的环节上时，其效果基本相同。冲量即指窄脉冲的面积。这里所说的效果基本相同，是指环节的输出响应波形基本相同。如果把各输出波形用傅里叶变换分析，则其低频段非常接近，仅在高频段略有差异。例如图 7.1 所示的三个窄脉冲形状不同，其中图 7.1(a)所示为矩形脉冲，图 7.1(b)所示为三角形脉冲，图 7.1(c)所示为正弦半波脉冲，但它们的面积(即冲量)都等于 1，那么，当它们分别加在具有惯性的同一个环节上时，其输出响应基本相同。当窄脉冲变为如图 7.1(d)所示的单位脉冲函数 $\delta(t)$时，环节的响应即为该环节的脉冲过渡函数。

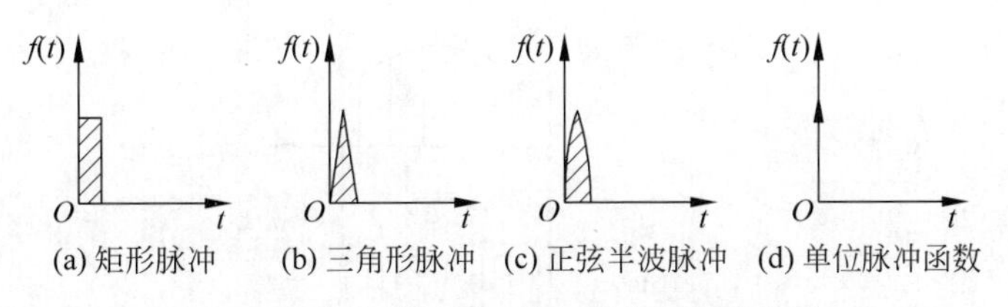

图 7.1　形状不同而冲量相同的各种窄脉冲

如图 7.2(a)所示的电路是一个具体的例子。图中 $e(t)$为电压窄脉冲，其形状和面积分别如图 7.1(a)、(b)、(c)、(d)所示，为电路的输入。该输入加在可以看成惯性的 R-L 电路上，其电流 $i(t)$的响应波形如图 7.2(b)所示。从波形可以看出，在 $i(t)$的上升段，脉冲形状不同时 $i(t)$的形状也略有不同，但其下降段则几乎完全相同。脉冲越窄，各 $i(t)$波形的差异也越小。如果周期性地施加上述脉冲，则响应 $i(t)$也是周期性的。用傅里叶级数分解后将可看出，各 $i(t)$在低频段的特性非常接近，仅在高频段有所不同。

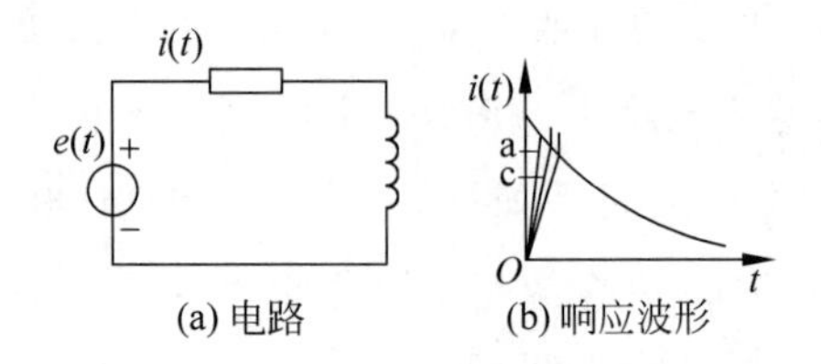

图 7.2 冲量相同的各种窄脉冲的响应波形

上述原理可以称之为面积等效原理,它是 PWM 控制技术的重要理论基础。下面分析如何用一系列等幅不等宽的脉冲来代替一个正弦半波。

把图 7.3(a)中的正弦半波分成 N 等份,就可以把正弦半波看成是由 N 个彼此相连的脉冲序列所组成的波形。这些脉冲宽度相等,都等于 π/N,但幅值不等,且脉冲顶部不是水平直线,而是曲线,各脉冲的幅值按正弦规律变化。如果把上述脉冲序列利用相同数量的等幅而不等宽的矩形脉冲代替,使矩形脉冲的中点和相应正弦波部分的中点重合,且使矩形脉冲和相应的正弦波部分面积(冲量)相等,就得到图 7.3(b)所示的脉冲序列,这就是 PWM 波形。可以看出,各脉冲的幅值相等,而宽度是按正弦规律变化的。根据面积等效原理,PWM 波形和正弦半波是等效的。对于正弦波的负半周,也可以用同样的方法得到 PWM 波形。像这种脉冲的宽度按正弦规律变化而和正弦波等效的 PWM 波形,也称 SPWM(Sinusoidal PWM)波形。要改变等效输出正弦波的幅值时,只要按照同一比例系数改变上述各脉冲的宽度即可。

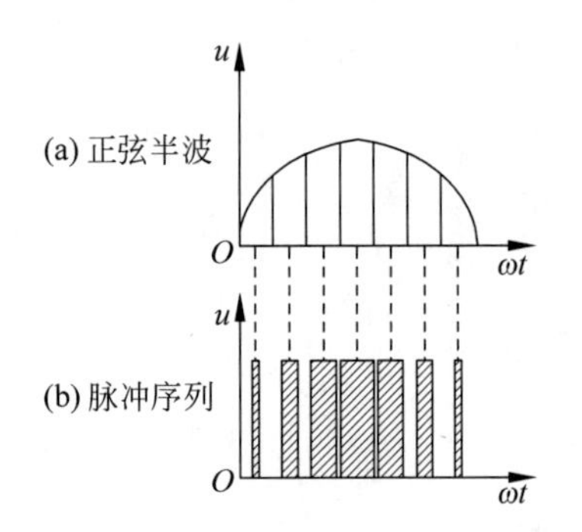

图 7.3 用 PWM 波代替正弦半波

PWM 波形可分为等幅 PWM 波和不等幅 PWM 波两种。由直流电源产生的 PWM 波通常是等幅 PWM 波。如对其进行 PWM 控制,所得到的 PWM 波就是 PWM 电流波。

直流斩波电路得到的 PWM 波是等效直流波形,SPWM 波得到的是等效正弦波形,这些都是应用十分广泛的 PWM 波。本章讲述的 PWM 控制技术实际上主要是 SPWM 控制技术。除此之外,PWM 波形还可以等效成其他所需要的波形,如等效成所需要的非正弦交流波形等,其基本原理和SPWM控制相同,也是基于等效面积原理。

7.2 PWM逆变电路及其控制方法

PWM控制技术在逆变电路中的应用十分广泛,目前中小功率的逆变电路几乎是PWM控制技术最为重要的应用场合,因此,本节的内容构成了本章的主体。

PWM逆变电路和第4章介绍的逆变电路一样,也可分为电压型和电流型两种。目前实际应用的PWM逆变电路几乎都是电压型电路,因此,本节主要讲述电压型PWM逆变电路的控制方法。

7.2.1 计算法和调制法

1. 计算法

根据7.1节讲述的PWM控制的基本原理,如果给出了逆变电路的正弦波输出频率、幅值和半个周期内的脉冲数,PWM波形中各脉冲的宽度和间隔就可以准确计算出来。按照计算结果控制逆变电路中各开关器件的通断,就可以得到所需要的PWM波形。这种方法称为计算法。可以看出,计算法是很烦琐的,当需要输出的正弦波的频率、幅值或相位变化时,结果都要变化。

2. 调制法

与计算法相对应的是调制法,即把希望输出的波形作为调制信号,把接受调制的信号作为载波,通过信号波的调制得到所期望的PWM波形。通常采用等腰三角形或锯齿波作为载波,其中等腰三角波应用最多。因为等腰三角波上任一点的水平宽度和高度呈线性关系且左右对称,当它与任何一个平缓变化的调制信号波相交时,如果在交点时刻对电路中开关器件的通断进行控制,就可以得到宽度正比于信号波幅值的脉冲,这正好符合PWM控制的要求。在调制信号波为正弦波时,所得到的就是SPWM波形,这种情况应用最广,本节主要介绍这种控制方法。当调制信号不是正弦波,而是其他所需要的波形时,也能得到与之等效的PWM波。

由于实际中应用的主要是调制法,下面结合具体电路对这种方法作进一步说明。

如图7.4所示是采用IGBT作为开关器件的单相桥式PWM逆变电路。设负载为阻感负载，工作时 V_1 和 V_2 的通断状态互补，V_3 和 V_4 的通断状态也互补。具体的控制规律如下：在输出电压 u_o 的正半周，让 V_1 保持通态，V_2 保持断态，V_3 和 V_4 交替通断。由于负载电流比电压滞后，因此在电压正半周，电流有一段区间为正，一段区间为负。在负载电流为正的区间，V_1 和 V_4 导通时，负载电压 u_o 等于直流电压 U_d；V_4 关断时，负载电流通过 V_1 和 VD_3 续流，$u_o=0$。在负载电流为负的区间，仍为 V_1 和 V_4 导通时，因 i_o 为负，故 i_o 实际上从 VD_1 续流，$u_o=0$。这样，u_o 总可以得到 U_d 和零两种电平。同样，在 u_o 的负半周，让 V_2 保持通态，V_1 保持断态，V_3 和 V_4 交替通断，负载电压 u_o 可以得到 $-U_d$ 和零两种电平。

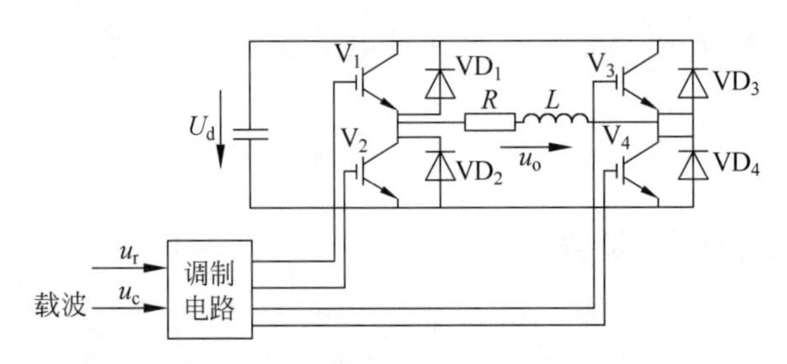

图 7.4　单相桥式 PWM 逆变电路

控制 V_3 和 V_4 通断的方法如图 7.5 所示。调制信号 u_r 为正弦波，载波 u_c 在 u_r 的正半周为正极性的三角波，在 u_r 的负半周为负极性的三角波。在 u_r 和 u_c 的交点时刻控制 IGBT 的通断。在 u_r 的正半周，V_1 保持通态，V_2 保持断态，当 $u_r>u_c$ 时使 V_4 导通，V_3 关断，$u_o=U_d$；当 $u_r<u_c$ 时使 V_4 关断，V_3 导通，$u_o=0$。在 u_r 的负半周，V_1 保持断态，V_2 保持通态，当 $u_r<u_c$ 时使 V_3 导通，V_4 关断，$u_o=U_d$；当 $u_r>u_c$ 时使 V_3 关断，V_4 导通，$u_o=0$。这样就得到了 SPWM 波形 u_o。图中的虚线 u_{of} 表示 u_o 中的基波分量。像这种在 u_r 的半个周期内三角波载波只在正极性或负极性一种极性范围内变化，所得到的 PWM 波形也只在单个极性范围变化的控制方式称为单极性 PWM 控制方式。

和单极性 PWM 控制方式相对应的是双极性 PWM 控制方式。图 7.4 的单相桥式逆变电路在采用双极性控制方式时的波形如图 7.6 所示。采用双极性方式时，在 u_r 的半个周期内，三角波载波不再是单极性的，而是有正有负，所得到的 PWM 波也是有正有负。在 u_r 的一个周期内，输出的 PWM 波只有 $\pm U_d$ 两种电平，而不像单极性控制时还有零电平。仍然在调制信号 u_r 和载波信号 u_c 的交点时刻控制各开关器件的通断。在 u_r 的正负半周，对各开关器件的控制规律相同，即当 $u_r>u_c$ 时，给 V_1 和 V_4 以导通信号，给 V_2 和 V_3 以关断信号，这时如 $i_o>0$，则 V_1 和 V_4 通，如 $i_o<0$，则 VD_1 和 VD_4 通，不管哪种情况都是输出电压 $u_o=U_d$；当 $u_r<0$ 时，给 V_2 和 V_3 以

导通信号，给 V_1 和 V_4 以关断信号，这时如 $i_o<0$，则 V_2 和 V_3 通，如 $i_o>0$，则 VD_2 和 VD_3 通，不管哪种情况都是 $u_o=-U_d$。

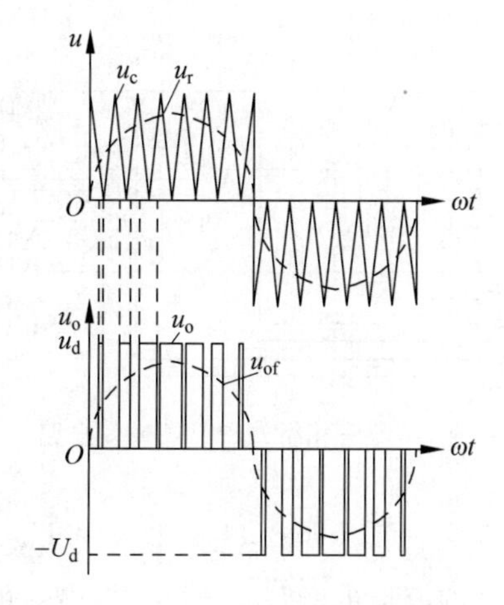

图7.5　单极性PWM控制方式波形

可以看出，单相桥式电路既可采取单极性调制，也可采用双极性调制，由于对开关器件通断控制的规律不同，它们的输出波形也有较大的差别。

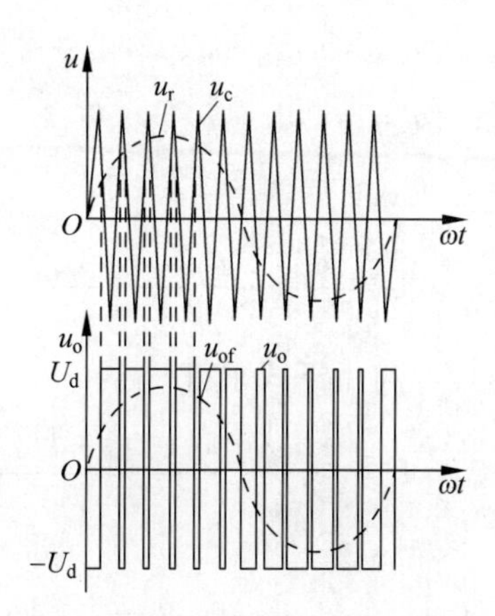

图7.6　双极性PWM控制方式波形

图7.7是三相桥式PWM逆变电路，这种电路都是采用双极性控制方式。U、V和W三相的PWM控制通常共用一个三角波载波 u_c，三相的调制信号 u_{rU}、u_{rV} 和 u_{rW} 依次相差120°。U、V和W各相功率开关器件的控制规律相同，现以U相为例来说明。当 $u_{rU}>u_c$ 时，给上桥臂 V_1 以导通信号，给下桥臂 V_2 以关断信号，则U相相对于直流电源假想中点N′的输出电压 $U_{UN'}=U_d/2$。当 $u_{rU}<u_c$ 时，给 V_4 以导通信号，给 V_1 以关断信号，则 $U_{UN'}=-U_d/2$。V_1 和 V_4 的驱动信号始终是互补的。当给 $V_1(V_4)$

加导通信号时，可能是 V_1(V_4)导通，也可能是二极管 VD_1(VD_4)续流导通，这要由阻感负载的方向来决定，这和单相桥式 PWM 逆变电路在双极性控制时的情况相同。V 相及 W 相的控制方式都和 U 相相同。

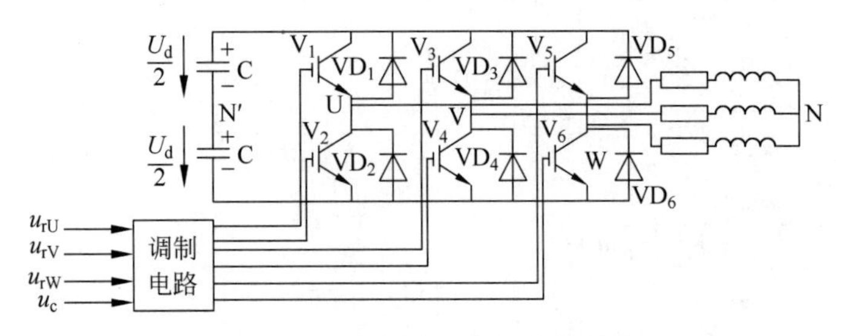

图 7.7　三相桥式 PWM 逆变电路

电路的波形如图 7.8 所示。可以看出，$U_{UN'}$、$U_{VN'}$ 和 $U_{WN'}$ 的波形都只有 $\pm U_d/2$ 两种电平。图中的线电压 u_{UV} 的波形可由 $U_{UN'}-U_{VN'}$ 得出。可以看出，当桥臂 V_1 和 V_6 导通时，$u_{UV}=U_d$，当桥臂 V_3 和 V_4 导通时，$u_{UV}=-U_d$，当桥臂 V_1 和 V_3 或桥臂 V_4 和 V_6 导通时，$u_{UV}=0$。因此逆变器的输出线电压 PWM 波由 $\pm U_d$ 和 0 三种电平构成。由

$$\begin{cases} u_{UN}=u_{UN'}-u_{NN'} \\ u_{VN}=u_{VN'}-u_{NN'} \\ u_{WN}=u_{WN'}-u_{NN'} \end{cases} \tag{7-1}$$

$$u_{NN'}=\frac{u_{UN'}+u_{VN'}+u_{WN'}}{3} \tag{7-2}$$

图 7.8 中的负载相电压 u_{UN} 可由下式求得

$$U_{UN}=U_{UN'}-\frac{U_{UN'}+U_{VN'}+U_{W'N'}}{3} \tag{7-3}$$

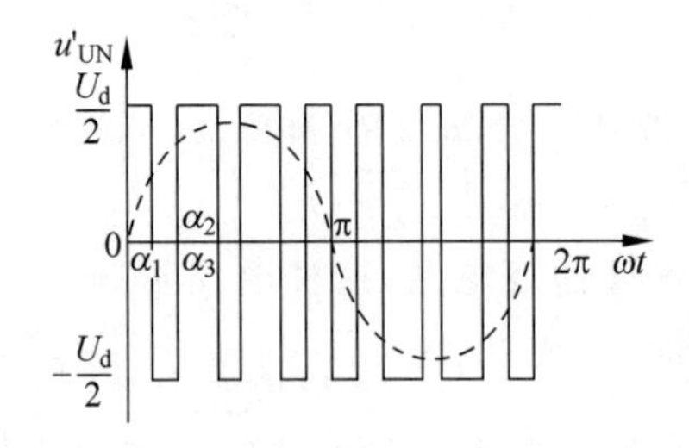

图 7.8　三相桥式 PWM 逆变电路波形

从波形图和上式可以看出，负载相电压的 PWM 波由 $(\pm 2/3)U_d$、$(\pm 1/3)U_d$ 和 0 共五种电平组成。

在电压型逆变电路的 PWM 控制中，同一相上下两个桥臂的驱动信号都是互补的。但实际上为了防止上下两个桥臂直通而造成短路，在上下两桥臂通断切换时要留一小段上下桥臂都施加关断信号的死区时间。死区时间的长短主要由功率开关器件的关断时间来决定。这个死区时间将会给输出的 PWM 波形带来一定影响，使其稍稍偏离正弦波。

3. 特定谐波消去法

上面着重讲述了用调制法产生 PWM 波形。下面再介绍一种特定谐波消去法(Selected Harmonic Elimination PWM，SHEPWM)。这种方法是计算法中一种较有代表性的方法。

图 7.9 是图 7.7 的三相桥式 PWM 逆变电路中 $U_{UN'}$ 的波形。图 7.9 中，在输出电压的半个周期内，器件开通和关断各 3 次(不包括 0 和 π 时刻)，共有 6 个开关时刻可以控制。实际上，为了减少谐波并简化控制，要尽量使波形具有对称性。

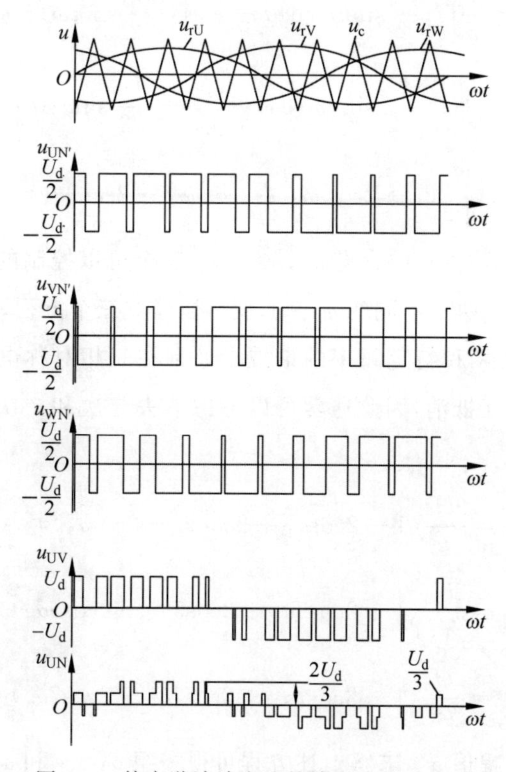

图 7.9　特定谐波消去法的输出 PWM 波形

首先，为了消除偶次谐波，应使波形正负两半周期镜对称，即

$$u(\omega t) = -u(\omega t + \pi) \tag{7-4}$$

其次，为了消除谐波中的余弦项，简化计算过程，应使波形在正半周期内前后 1/4 周期以 $\pi/2$ 为轴线对称，即

$$u(\omega t)=u(\pi-\omega t) \tag{7-5}$$

同时满足式(7-4)和式(7-5)的波形称为 1/4 周期对称波形。这种波形可用傅里叶级数表示为

$$u(\omega t)=\sum_{n=1,3,5,\cdots}^{\infty} a_n \sin n\omega t \tag{7-6}$$

式中，

$$a_n=\frac{4}{\pi}\int_0^{\frac{\pi}{2}} u(\omega t)\sin n\omega t\,\mathrm{d}\omega t$$

因为如图 7.9 所示的波形是 1/4 周期对称的，所以在一个周期内的 12 个开关时刻(不包括 0 和 π 时刻)中，能够独立控制的只有 α_1、α_2 和 α_3 三个时刻。该波形的 α_n 为

$$\begin{aligned} a_n &= \frac{4}{\pi}\int_0^{\alpha_1}\frac{U_\mathrm{d}}{2}\sin n\omega t\,\mathrm{d}\omega t+\int_{\alpha_1}^{\alpha_2}\left(-\frac{U_\mathrm{d}}{2}\sin n\omega t\right)\mathrm{d}\omega t \\ &\quad +\int_{\alpha_2}^{\alpha_3}\frac{U_\mathrm{d}}{2}\sin n\omega t\,\mathrm{d}\omega t+\int_{\alpha_3}^{\frac{\pi}{2}}\left(-\frac{U_\mathrm{d}}{2}\sin n\omega t\right)\mathrm{d}\omega t \\ &= \frac{2U_\mathrm{d}}{n\pi}(1-2\cos n\alpha_1+2\cos n\alpha_2-2\cos n\alpha_3) \end{aligned} \tag{7-7}$$

式中，$n=1,3,5,\cdots$。式(7-4)中含有 α_1、α_2 和 α_3 三个可以控制的变量，根据需要确定基波分量 a_1 的值，再令两个不同的 $a_n=0$，就可以建立三个方程，联立可求得 α_1、α_2 和 α_3。这样，即可以消去两种特定频率的谐波。通常在三相对称电路的线电压中，相电压所含的 3 次谐波相互抵消，因此通常可以考虑消去 5 次和 7 次谐波。这样，可得如下联立方程：

$$\begin{cases} a_1=\dfrac{2U_\mathrm{d}}{\pi}(1-2\cos\alpha_1+2\cos\alpha_2-2\cos\alpha_3) \\ a_5=\dfrac{2U_\mathrm{d}}{5\pi}(1-2\cos5\alpha_1+2\cos5\alpha_2-2\cos5\alpha_3)=0 \\ a_7=\dfrac{2U_\mathrm{d}}{7\pi}(1-2\cos7\alpha_1+2\cos7\alpha_2-2\cos7\alpha_3)=0 \end{cases} \tag{7-8}$$

对于给定的基波幅值 a_1，求解上述方程可得一组 α_1、α_2 和 α_3。基波幅值 a_1 改变时，α_1、α_2 和 α_3 也相应地改变。

上面是在输出电压的半周期内器件导通和关断各 3 次的情况。一般来说，如果在输出电压半个周期内开关器件开通和关断各 k 次，考虑到 PWM 波 1/4 周期对称，共

有 k 个开关时刻可以控制。除去用一个自由度来控制基波幅值外，可以消去 $k-1$ 个频率的特定谐波。当然，k 越大，开关时刻的计算也越复杂。

除本节已讲述的计算法和调制法两种 PWM 波形生成方法外，还有一种由跟踪控制产生 PWM 波形的方法，这种方法将在 7.3 节介绍。

7.2.2 异步调制和同步调制

在 PWM 控制电路中，载波频率 f_c 与调制信号频率 f_r 之比 $N=f_c/f_r$ 称为载波比。根据载波和信号波是否同步及载波比的变化情况，PWM 调制方式可分为异步调制和同步调制两种。

1. 异步调制

载波信号和调制信号不保持同步的调制方式称为异步调制。如图 7.8 所示电路波形就是异步调制三相 PWM 波形。在异步调制方式中，通常保持载波频率 f_c 固定不变，因而当信号波特率 f_r 变化时，载波比 N 是变化的。同时，在信号波的半个周期内，PWM 波的脉冲个数不固定，相位也不固定，正负半周期的脉冲不对称，半周期内前后 1/4 周期的脉冲也不对称。

当信号波频率较低时，载波比 N 较大，一周期内的脉冲数较多，正负半周期脉冲不对称和半周期内前后 1/4 周期脉冲不对称产生的不利影响都较小，PWM 波形接近正弦波。当信号波频率增高时，载波比 N 减小，一周期内的脉冲数减少，PWM 脉冲不对称的影响就变大，有时信号波的微小变化还会产生 PWM 脉冲的跳动，这就使得输出 PWM 波和正弦波的差异变大。对于三相 PWM 型逆变电路来说，三相输出的对称性也变差。因此，在采用异步调制方式时，希望采用较高的载波频率，以使在信号波频率较高时仍能保持较大的载波比。

2. 同步调制

载波比 N 等于常数，并在变频时使载波和信号波保持同步的方式称为同步调制。在基本同步调制方式中，信号波频率变化时载波比 N 不变，信号波一个周期内输出的脉冲数是固定的，脉冲相位也是固定的。在三相 PWM 逆变电路中，通常共用一个三角波载波，且取载波比 N 为 3 的整数倍，以使三相输出波形严格对称。同时，为了使一相 PWM 波正负半周镜对称，N 应取奇数。如图 7.10 所示的例子是 $N=9$ 时的同步调制三相 PWM 波形。

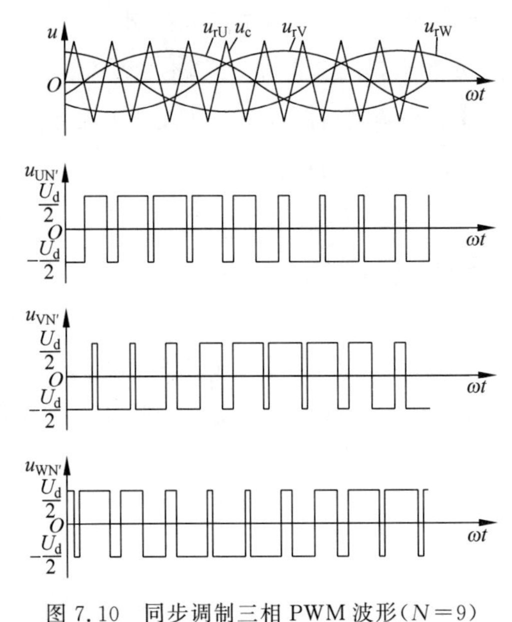

图 7.10 同步调制三相 PWM 波形($N=9$)

当逆变电路输出频率很低时,同步调制时的载波频率 f_c 也很低。f_c 过低时由调制带来的谐波不易滤除。当负载为电动机时也会带来较大的转矩脉动和噪声。若逆变电路输出频率很高,同步调制时的载波频率 f_c 会过高,使开关器件难以承受。

为了克服上述缺点,可以采用分段同步调制的方法。即把逆变电路的输出频率范围划分成若干个频段,每个频段内都保持载波比 N 为恒定,不同频段的载波比不同。在输出频率高的频段采用较低的载波比,以使载波频率不致过低而对负载产生不利影响。各频段的载波比取 3 的整数倍且为奇数为宜。

图 7.11 给出了分段同步调制的一个例子,各频段的载波比标在图中。为了防止载波频率在切换点附近来回跳动,在各频率切换点采用了滞后切换的方法。图中切换点的实线表示输出频率增高时的切换频率,虚线表示输出频率降低时的切换频率,前者略高于后者而形成滞后切换。在不同的频率段内,载波频率的变化范围基本一致,f_c 在 1.4~2.0kHz。

同步调制方式比异步调制方式复杂一些,但使用计算机控制时还是容易实现的。有的装置在低频输出时采用异步调制方式,而在高频输出时切换到同步调制方式,这样可以把两者的优点结合起来,和分段同步方式的效果接近。

7.2.3 规则采样法

按照 SPWM 控制的基本原理,在正弦波和三角波的自然交点时刻控制功率开关

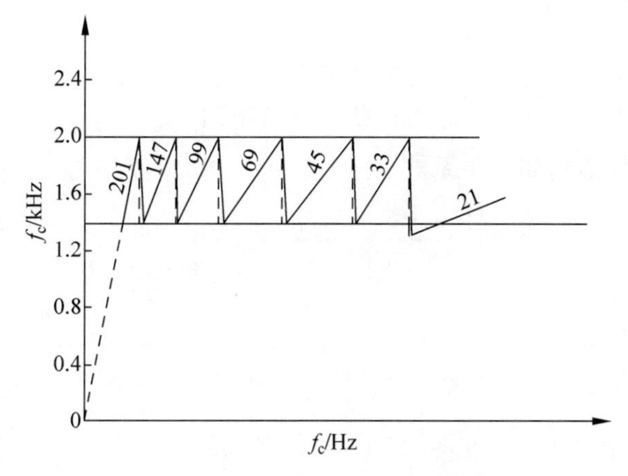

图 7.11　分段同步调制方法举例

器件的通断，这种方法生成的 SPWM 波形很接近正弦波。但这种方法要求解复杂的超越方程，在采用计算机控制技术时需花费大量的计算时间，难以在实时控制中在线计算，因而在工程上实际应用不多。

规则采样法是一种应用较广的工程实用方法，其效果接近自然采样法，但计算量却比自然采样法小得多。图 7.12 为规则采样法说明图。取三角波两个正峰值之间为一个采样周期 T_c，在自然采样法中，每个脉冲的中点并不和三角波一周期的中点(即负峰点)重合。而规则采样法使两者重合，也就是使每个脉冲的中点都以相应的三角波中点为对称，这样就使计算大为简化。如图 7.12 所示，在三角波的负峰时刻 t_D 对正弦信号波采样而得到 D 点，过 D 点作一水平直线和三角波分别交于 A 点和 B 点，在 A 点时刻 t_A 和 B 点时刻 t_B 控制功率开关器件的通断。可以看出，用这种规则采样法得到的脉冲宽度 δ 和用自然采样法得到的脉冲宽度非常接近。

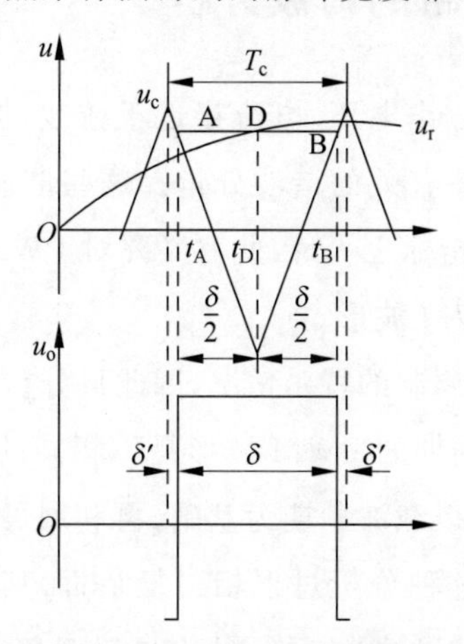

图 7.12　规则采样法说明图

设正弦调制信号波为

$$u_r = \alpha \sin\omega_r t$$

式中，α 称为调制度，$0 \leqslant \alpha < 1$；ω_r 为正弦信号波角频率。

从图 7.12 中可得到如下关系式

$$\frac{1 + \alpha \sin\omega_r t_D}{\delta/2} = \frac{2}{T_c/2}$$

因此可得

$$\delta = \frac{T_c}{2}(1 + \alpha \sin\omega_r t_D) \tag{7-9}$$

在三角波的一周期内，脉冲两边的间隙宽度 δ' 为

$$\delta' = \frac{1}{2}(T_c - \delta) = \frac{T_c}{4}(1 - a \sin\omega_r t_D) \tag{7-10}$$

对于三相桥式逆变电路来说，应该形成三相 SPWM 波形。通常三相的三角波载波是公用的，三相正弦调制波的相位一次相差 120°。设在同一三角波周期内三相的脉冲宽度分别为 δ_U、δ_V 和 δ_W，脉冲两边的间隙宽度分别为 δ'_U、δ'_V 和 δ'_W，由于在同一时刻三相正弦调制波电压之和为零，故由式(7-9)可得

$$\delta_U + \delta_V + \delta_W = \frac{3T_c}{2} \tag{7-11}$$

同样，由式(7-10)可得

$$\delta'_U + \delta'_V + \delta'_W = \frac{3T_c}{4} \tag{7-12}$$

利用式(7-11)和式(7-12)可以简化成三相 SPWM 波形时的计算。

7.2.4 PWM 逆变电路的谐波分析

PWM 逆变电路可以使输出电压、电流接近正弦波，但由于使用载波对正弦信号波进行调制，也产生了和载波有关的谐波分量。这些谐波分量的频率和幅值是衡量 PWM 逆变电路性能的重要指标之一，因此有必要对 PWM 波形进行谐波分析。这里主要分析常用的双极性 SPWM 波形。

同步调制可以看成异步调制的特殊情况，因此只分析异步调制方式就可以了。采用异步调制时，不同信号波周期的 PWM 波形是不相同的，因此无法直接以信号波周期为基准进行傅里叶分析。以载波周期为基础，再利用贝塞尔函数可以推导出 PWM 波的傅里叶级数表达式，但这种分析过程相当复杂，而其结论却是很简单而直观的。因此，这里只给出典型分析结果的频谱图，从中可以对其谐波分布情况有一个基本的

认识。

图7.13给出了不同调制度α时的单相桥式PWM逆变电路在双极性调制方式下输出电压的频谱图,其中所包含的谐波角频率为

$$n\omega_c \pm k\omega_r \tag{7-13}$$

式中,$n=1,3,5,\cdots$时,$k=0,2,4,\cdots$;$n=2,4,6,\cdots$时,$k=1,3,5,\cdots$。

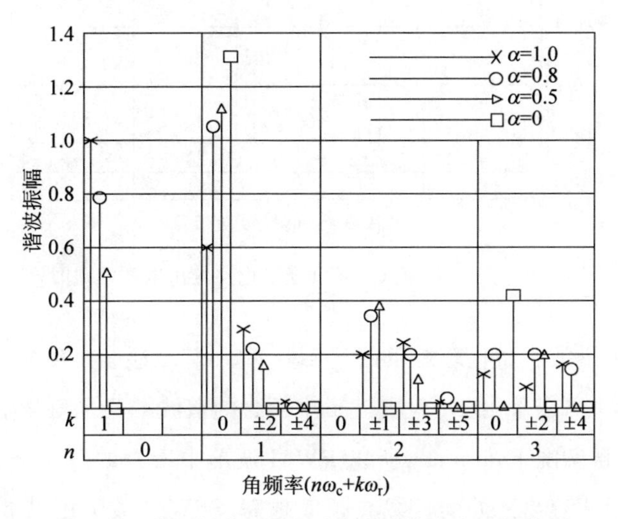

图7.13 单相桥式PWM逆变电路输出电压频谱图

可以看出,其PWM波中不含有低次谐波,只含有角频率为ω_c及其附近的谐波,以及$2\omega_c$、$3\omega_c$等及其附近的谐波。在上述谐波中,幅值最高、影响最大的角频率为ω_c的谐波分量。

三相桥式PWM逆变电路可以每相各有一个载波信号,也可以三相共用一个载波信号。这里只分析应用较多的公用载波信号时的情况。在其输出线电压中,所包含的谐波角频率为

$$n\omega_c \pm k\omega_r \tag{7-14}$$

式中,$n=1,3,5,\cdots$时,$k=3(2m-1)\pm1(m=1,2,\cdots)$;$n=2,4,6,\cdots$时,

$$k=\begin{cases}6m+1, m=0,1,\cdots\\6m-1, m=1,2,\cdots\end{cases}$$

。

图7.14给出了不同调制度α时的三相桥式PWM逆变电路输出线电压的频谱图。和图7.13单相电路时的情况相比较,共同点是都不含低次谐波,一个较显著的区别是载波角频率ω_c整数倍的谐波没有了,谐波中幅值较高的为$\omega_c\pm\omega_r$和$2\omega_c\pm\omega_r$。

上述分析都是在理想条件下进行的。在实际电路中,由于采样时刻的误差以及避免同一相上下桥臂直通而设置的死区的影响,谐波的分布情况将更为复杂。一般来

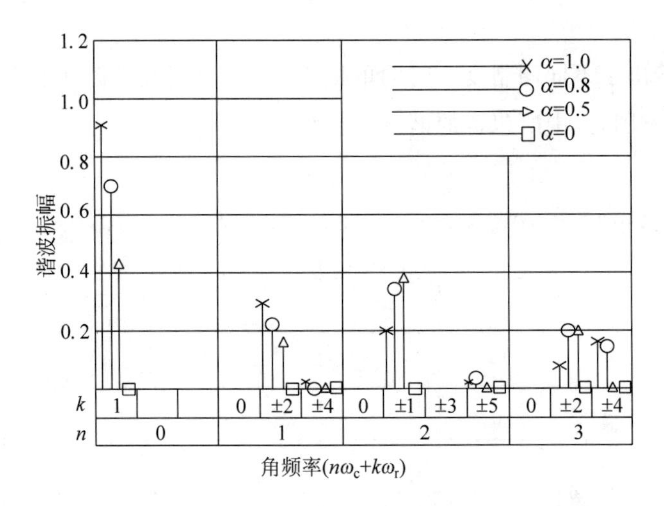

图 7.14 三相桥式 PWM 逆变电路输出电压频谱图

说,实际电路中的谐波含量比理想条件下要多一些,甚至还会出现少量的低次谐波。

从上述分析中可以看出,SPWM 波形中所含的谐波主要是角频率为 ω_c、$2\omega_c$ 及其附近的谐波。一般情况下 $\omega_c \gg \omega_r$,所以 PWM 波形中所含的主要谐波的频率要比基波频率高得多,是很容易滤除的。载波频率越高,SPWM 波形中谐波频率就越高,所需滤波器的体积就越小。另外,一般的滤波器都有一定的带宽,如按载波频率设计滤波器,载波附近的谐波也可滤除。如滤波器设计为低通滤波器,且按载波角频率 ω_c 来设计,那么角频率为 $2\omega_c$、$3\omega_c$ 等及其附近的谐波也就同时被滤除了。

当调制信号波不是正弦波而是其他波形时,上述分析也有很大的参考价值。在这种情况下,对生成的 PWM 波形进行谐波分析后,可发现其谐波由两部分组成,一部分是对信号波本身进行谐波分析所得的结果,另一部分是由于信号波对载波的调制而产生的谐波。后者的谐波分布情况和前面对 SPWM 波所进行的谐波分析是一致的。

7.2.5 提高直流电压利用率和减少开关次数

从 7.2.4 节的谐波分析可知,用正弦信号波对三角波载波进行调制时,只要载波比足够高,所得到的 PWM 波中不含低次谐波,只含和载波频率有关的高次谐波。输出波形中所含谐波的多少是衡量 PWM 控制方法优劣的基本标志,但不是唯一的标志。提高逆变电路的直流电压利用率、减少开关次数也是很重要的。直流电压利用率是指逆变电路所能输出的交流电压基波最大幅值 U_{1m} 和直流电压 U_d 之比,提高直流电压利用率可以调高逆变器的输出能力。减少功率器件的开关次数可以降低开关损耗。

对于正弦波调制的三相 PWM 逆变电路来说，在调制度 α 为最大值 1 时，输出相电压的基波幅值为 $U_d/2$，输出线电压的基波幅值为 $(\sqrt{3}/2)U_d$，即直流电压利用率仅为 0.866。这个直流电压利用率是比较低的，其原因是正弦调制信号的幅值不能超过三角波幅值。实际电路工作时，考虑到功率器件的开通和关断都需要时间，如不采取其他措施，调制度不可能达到 1。因此，采用这种正弦波和三角波比较的调制方法时，实际能得到的直流电压利用率比 0.866 还要低。

不用正弦波，而采用梯形波作为调制信号，可以有效地提高直流电压利用率。因为当梯形波幅值和三角波幅值相等时，梯形波所含的基波分量幅值已超过了三角波幅值。采用这种调制方法时，决定功率开关器件通断的方法和用正弦波作为调制信号波时完全相同，图 7.15 给出了这种方法的原理及输出电压波形。这里对梯形波的形状用三角化率 $\sigma=U_t/U_{to}$ 来描述，其中，U_t 为以横轴为底时梯形波的高，U_{to} 为以横轴为底边把梯形两腰延长后相交所形成的三角形的高。$\sigma=0$ 时梯形波变为矩形波，$\sigma=1$ 时梯形波变为三角波。由于梯形波中含有低次谐波，调制后的 PWM 波仍含有同样的低次谐波。设由这些低次谐波（不包括由载波引起的谐波）产生的波形畸变率为 δ，则三角化率 σ 不同时，δ 和直流电压利用率 U_{1m}/U_d 也不同。图 7.16 给出了 δ 和 U_{1m}/U_d 随 σ 变化的情况，图 7.17 给出了 σ 变化时各次谐波分量幅值 U_{nm} 和基波幅值 U_{1m} 之比。从图 7.16 可以看出，$\sigma=0.8$ 左右时谐波含量最少，但直流电压利用率也较低。当 $\sigma=0.4$ 时，谐波含量也较少，δ 约为 3.6%，而直流电压利用率为 1.03，是正弦波调制时的 1.19 倍，其综合效果是比较好的。图 7.15 即为 $\sigma=0.4$ 时的波形。

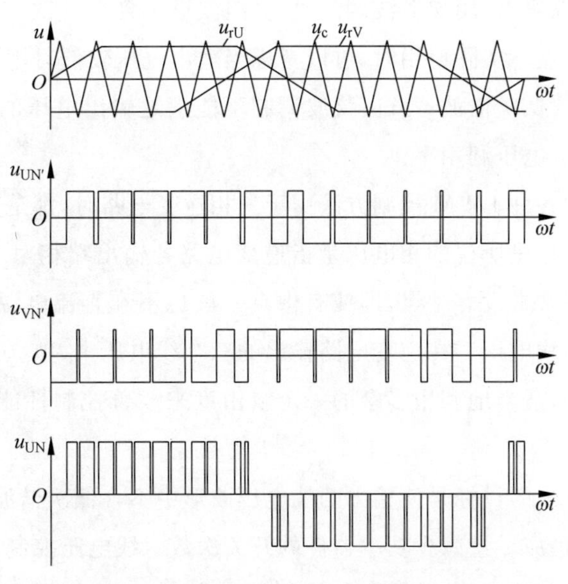

图 7.15　梯形波为调制信号的 PWM 控制

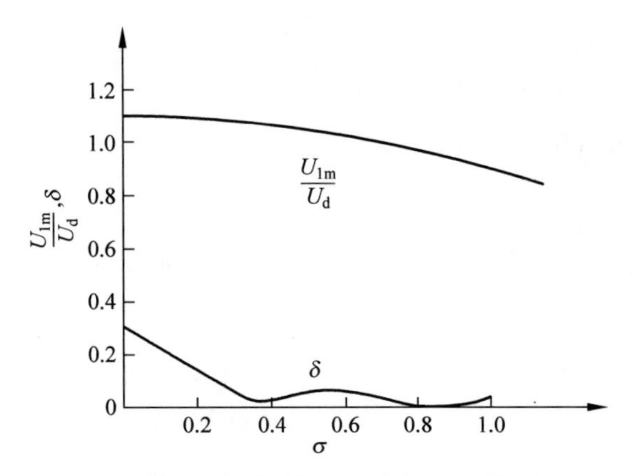

图 7.16 σ 变化时的 δ 和直流电压利用率

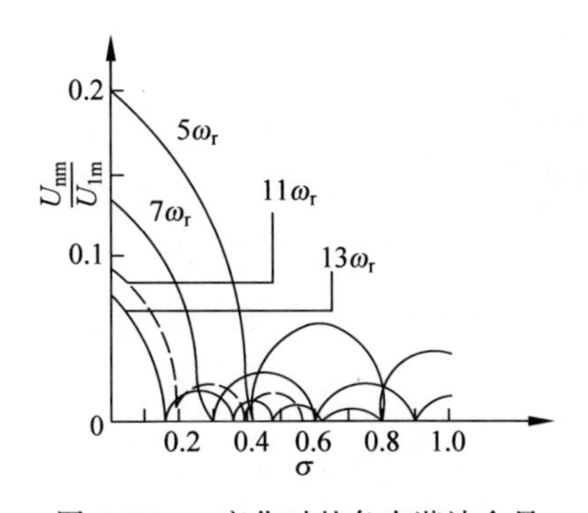

图 7.17 σ 变化时的各次谐波含量

从图 7.17 可以看出,用梯形波调制时,输出波形中含有 5 次、7 次等低次谐波,这是梯形波调制的缺点。实际使用时,可以考虑当输出电压较低时用正弦波作为调制信号,使输出电压不含低次谐波;当正弦波调制不能满足输出电压的要求时,改用梯形波调制,以提高直流电压利用率。

前面所介绍的各种 PWM 控制方法用于三相逆变电路时,都是对三相输出相电压分别进行控制的。这里所说的相电压是指逆变电路各输出端相对于直流电压中点的电压。实际上负载常常没有中点,即使有中点一般也不和直流电源中点相连接,因此对负载所提供的是线电压。在逆变电路输出的三个线电压中,独立的只有两个。对两个线电压进行控制,适当地利用多余的一个自由度来改善控制性能,这就是线电压控制方式。

线电压控制方式的目标是使输出的线电压波形中不含低次谐波,同时尽可能提高直流电压利用率,也应尽量减少功率器件的开关次数。线电压控制方式的直接控制手段仍是对相电压进行控制,但其控制目标却是线电压。相对线电压控制方式,当控制目标为相电压时称为相电压控制方式。

如果在相电压正弦波调制信号中叠加适当大小的3次谐波，使之成为鞍形波，则经过PWM调制后逆变电路输出的相电压中也必然包含3次谐波，且三相的3次谐波相位相同。在合成线电压时，各相电压的3次谐波相互抵消，线电压为正弦波。如图7.18所示，在调制信号中，基波 u_{r1} 正峰值附近恰为3次谐波 u_{r3} 的负半波，两者互相抵消。这样，就使调制信号 $u_r = u_{r1} + u_{r3}$ 成为鞍形波，其中可包含幅值更大的基波分量 u_{r1}，而使 u_r 的最大值不超过三角波载波最大值。

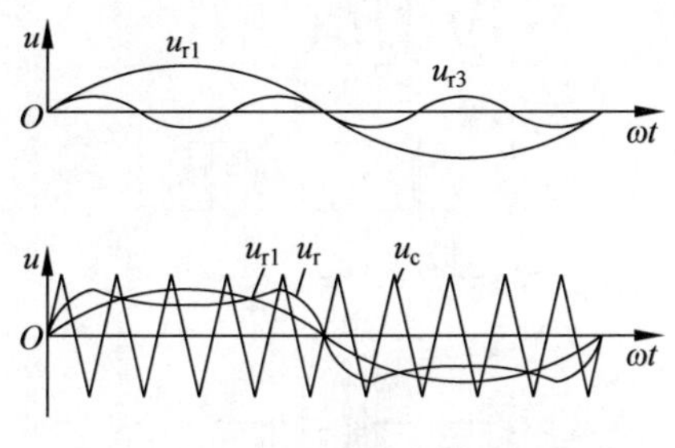

图7.18　叠加3次谐波的调制信号

除可以在正弦调制信号中叠加3次谐波外，还可以叠加其他3倍频于正弦波的信号，也可以再叠加直流分量，这些都不会影响线电压。在图7.19的调制方式中，给正弦信号所叠加的信号 u_P 的大小是随正弦信号的大小而变化的。设三角波载波幅值为1，三相调制信号中的正弦波分量分别为 u_{rU1}、u_{rV1} 和 u_{rW1}，并令

$$u_P = -\min(u_{rU1}, u_{rV1}, u_{rW1}) - 1 \tag{7-15}$$

则三相的调制信号分别为

$$\begin{cases} u_{rU} = u_{rU1} + u_P \\ u_{rV} = u_{rV1} + u_P \\ u_{rW} = u_{rW1} + u_P \end{cases} \tag{7-16}$$

可以看出，不论 u_{rU1}、u_{rV1} 和 u_{rW1} 幅值的大小，u_{rU}、u_{rV} 和 u_{rW} 中总有1/3周期的值是和三角波负峰值相等的，其值为−1。在这1/3周期中，并不对调制信号值为−1的一相进行控制，而只对其他两相进行PWM控制，因此，这种控制方式也称为两相控制方式。这也是选择式(7-15)的 u_P 作为叠加信号的一个重要原因。从图7.19可以看出，这种控制方式有以下优点：

(1) 在信号波的1/3周期内开关器件不动作，可使功率器件的开关损耗减少1/3。

(2) 最大输出线电压基波幅值为 U_d，和相电压控制方法相比，直流电压利用率提高了15%。

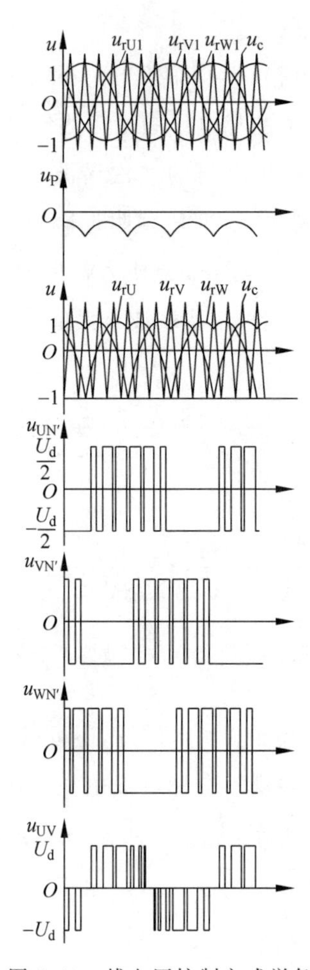

图 7.19 线电压控制方式举例

(3) 输出线电压中不含低次谐波,这是因为相电压中相应于 u_P 的谐波分量相互抵消的缘故。这一性能优于梯形波调制方式。

可以看出,这种线电压控制方式的特性是相当好的,其不足之处是控制有些复杂。

7.2.6 空间矢量 PWM 控制

前面所介绍的 PWM 控制都是使逆变器的输出电压尽量接近正弦波(因为所用的逆变器绝大部分为电压型逆变器)。PWM 控制技术在用于交流电动机驱动的各种变频器中使用最为广泛。在交流电动机的驱动中,最终目的并非使输出电压为正弦波,而是使电动机的磁链成为圆形的旋转磁场,从而使电动机产生恒定的电磁转矩。因此，本节将介绍在变频器中使用十分广泛的空间矢量脉宽调制(Space Vector PWM，SVPWM)技术。

对于基本的电压型逆变器，采用180°导通方式，如第6章的图6.6所示，则对三相开关的导通情况进行组合，共有8种工作状态，即：V_6、V_1、V_2通，V_1、V_2、V_3通，V_2、V_3、V_4通，V_3、V_4、V_5通，V_4、V_5、V_6通，V_5、V_6、V_1通，以及V_1、V_3、V_5通和V_2、V_4、V_6通。如果把每相上桥臂开关导通用“1”表示，下桥臂开关导通用“0”表示，则上述8种工作状态可依次表示为100、110、010、011、001、101以及111和000。从实际情况看，前6种状态有输出电压，属有效工作状态；而后两种全部是上管子通或下管子通，没有输出电压，称之为零工作状态。对于这种基本的逆变器，称之为6拍逆变器。

对于6拍逆变器，在每个工作周期中，6种有效工作状态各出现一次，每一种状态持续60°。这样，在一个周期中6个电压矢量共转过360°，形成一个封闭的六边形，如图7.20所示。对于111和000这两个“零工作状态”，在这里表现为位于原点的零矢量，坐落在正六边形的中心点。

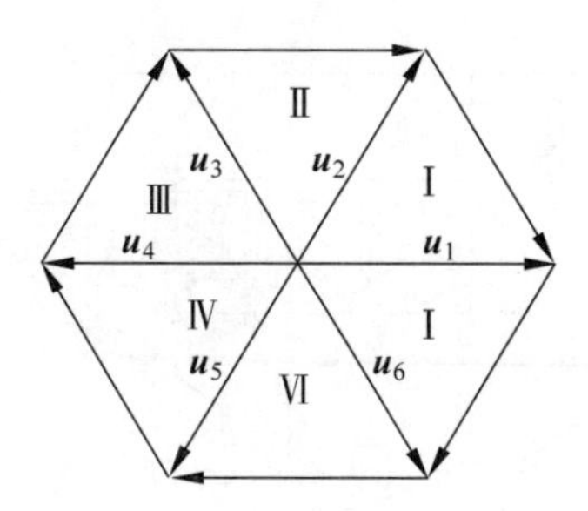

图7.20 电压空间矢量六边形

如果不用6拍逆变器，而是采用SVPWM，就可以使交流电动机的磁通尽量接近圆形。所用的工作频率越高，交流电动机的磁通就越接近圆形。需要的电压矢量不是6个基本电压矢量时，可以用6个基本电压矢量中的两个和零矢量组合实现。例如，所要的矢量为$\boldsymbol{u}_s$，就可以如图7.21所示，用基本矢量$\boldsymbol{u}_1$和$\boldsymbol{u}_2$的线性组合来实现，$\boldsymbol{u}_1$和$\boldsymbol{u}_2$作用时间之和小于开关周期T_o，不足的时间用“零矢量”补齐。

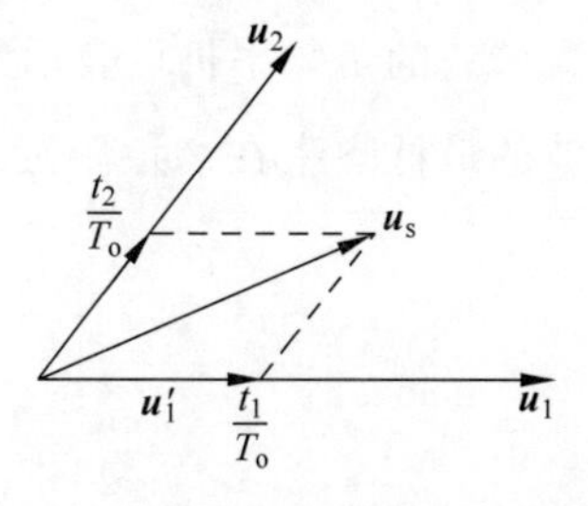

图7.21 空间电压矢量的线性组合

7.2.7 PWM 逆变电路的多重化

和一般逆变电路一样，大容量 PWM 逆变电路也可采用多重化技术来减少谐波。采用 SPWM 技术理论上可以不产生低次谐波，因此，在构成 PWM 多重化逆变电路时，一般不再以减少低次谐波为目的，而是为了提高等效开关频率，减少开关损耗，减少和载波有关的谐波分量。

PWM 逆变电路多重化连接方式有变压器方式和电抗器方式，图 7.22 是利用电抗器连接的二重 PWM 逆变电路的例子，电路的输出从电抗器中心抽头处引出。图中两个单元逆变电路的载波信号相互错开 180°，所得到的输出电压波形如图 7.23 所示。图中，输出端相对于直流电源中点 N′的电压 $u_{UN'}=(u_{U1N'}+u_{U2N'})/2$，已变为单极性 PWM 波了。输出线电压共有 0、$(\pm 1/2)U_d$、$\pm U_d$ 五个电平，比非多重化时谐波有所减少。

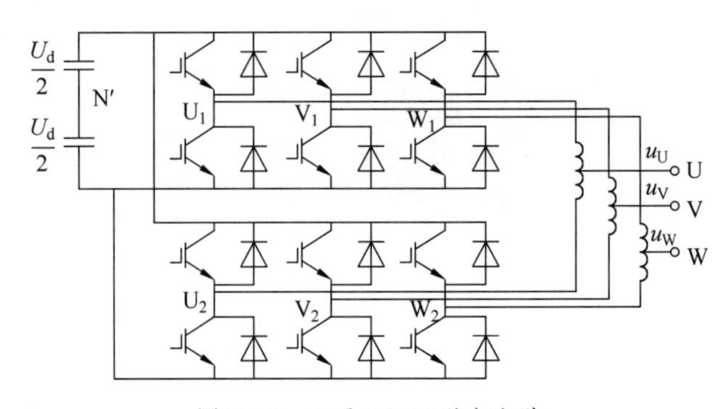

图 7.22 二重 PWM 逆变电路

对于多重化电路中合成波形用的电抗器来说，所加电压的频率越高，所需的电感量就越小。一般多重化电路中电抗器所加电压频率为输出频率，因而需要的电抗器较大。而在多重 PWM 逆变电路中，电抗器上所加电压的频率为载波频率，比输出频率高得多，因此只要很小的电抗器就可以了。

二重化后，输出电压中所含谐波的角频率仍可表示为 $n\omega_c+k\omega_r$，但其中当 n 为奇数时的谐波已全部被除去，谐波的最低频率在 $2\omega_c$ 附近，相当于电路的等效载波频率提高了一倍。

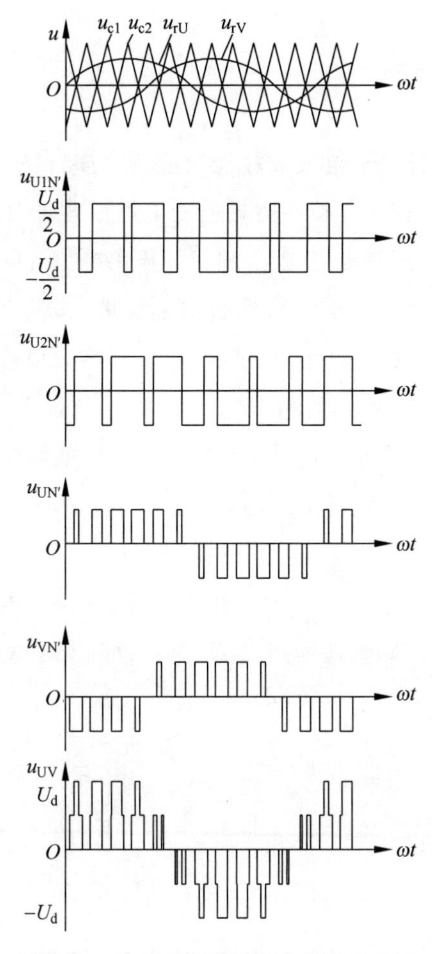

图7.23　二重PWM逆变电路输出波形

7.3　PWM跟踪控制技术

前面介绍了计算法和调制法两种PWM波形生成方法，重点讲述的是调制法。本节介绍的是第三种方法：跟踪控制法。这种方法不是用信号波对载波进行调制，而是把希望输出的电流或电压波形作为指令信号，把实际电流或电压波形作为反馈信号，通过两者的瞬时值比较来决定逆变电路各功率开关器件的通断，使实际的输出跟踪指令信号变化。因此，这种控制方法称为跟踪控制法。跟踪控制法中常用的有滞环比较方式和三角波比较方式。

7.3.1 滞环比较方式

跟踪性 PWM 变流电路中，电流跟踪控制应用最多。图 7.24 给出了采用滞环比较方式的 PWM 电流跟踪控制单相半桥式逆变电路原理图，图 7.25 给出了其输出电流波形。如图 7.24 所示，把指令电流 i^* 和实际输出电流 i 的偏差 i^*-i 作为带有滞环特性的比较器的输入，通过其输出来控制功率器件 V_1 和 V_2 的通断。设 i 的正方向如图 7.24 所示，当 V_1（或 VD_1）导通时，i 增大，当 V_2（或 VD_2）导通时，i 减小。这样，通过环宽为 $2\Delta I$ 的滞环比较器的控制，i 就在 $i^*+\Delta I$ 和 $i^*-\Delta I$ 的范围内，呈锯齿状地跟踪指令电流 i^*。滞环环宽对跟踪性能有较大的影响，环宽过宽时，开关动作频率低，但跟踪误差增大；环宽过窄时，跟踪误差减小，但开关的动作频率过高，甚至会超过开关器件的允许频率范围，开关损耗随之增大。和负载串联的电抗器 L 可起限制电流变化率的作用，L 过大时，i 的变化率过小，对指令电流的跟踪变慢；L 过小时，i 的变化率过大，i^*-i 频繁地达到 $\pm\Delta I$，开关动作频率过高。

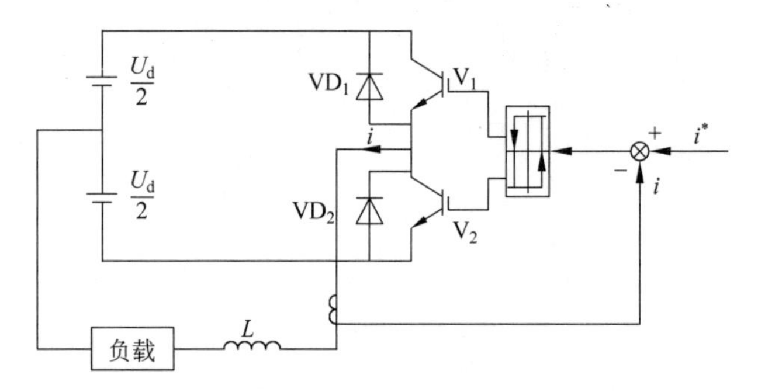

图 7.24 滞环比较方式电流跟踪控制举例

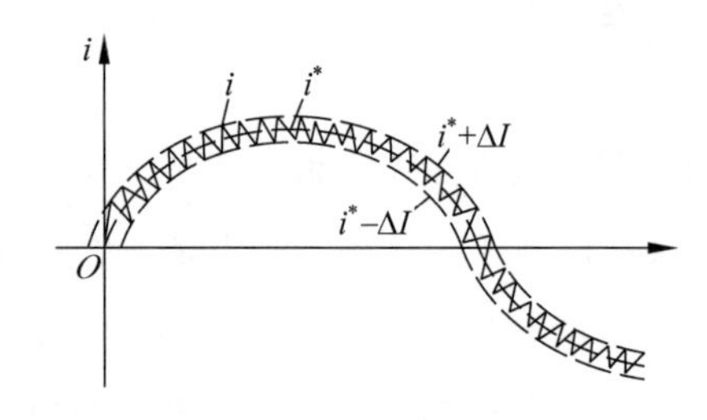

图 7.25 滞环比较方式的指令电流和输出电流

图 7.26 是采用滞环比较方式的三相电流跟踪型 PWM 逆变电路，它由和图 7.24 相同的 3 个单相半桥电路组成，三相电流指令信号 i_U^*、i_V^* 和 i_W^* 依次相差 120°。图 7.27 给出了该电路输出的线电压和线电流波形。可以看出，在线电压的正半周和

负半周内，都有极性相反的脉冲输出，这将使输出电压中的谐波分量增大，也使负载的谐波损耗增加。

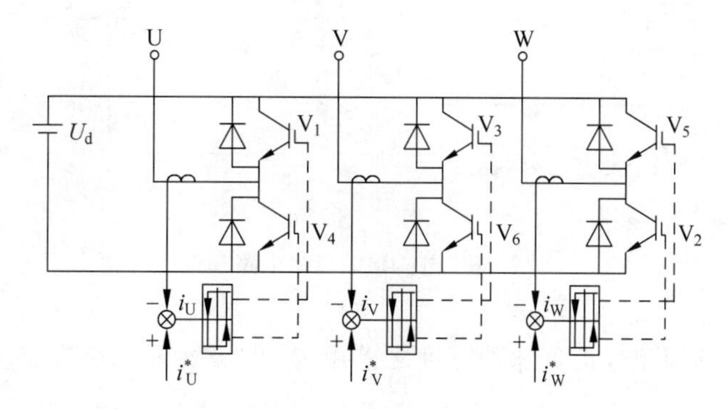

图7.26 三相电流跟踪型PWM逆变电路

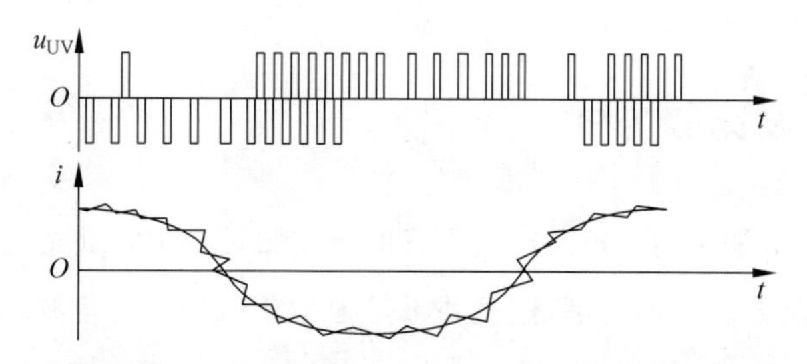

图7.27 三相电流跟踪型PWM逆变电路输出波形

采用滞环比较方式的电流跟踪型PWM变流电路有如下特点：

(1) 硬件电路简单；

(2) 属于实时控制方式，电流响应快；

(3) 不用载波，输出电压波形中不含特定频率的谐波分量；

(4) 和计算法及调制法相比，相同开关频率时输出电流中高次谐波含量较多；

(5) 属于闭环控制，这是各种跟踪PWM变流电路的共同特点。

采用滞环比较方式也可以实现电压跟踪控制，图7.28给出了一个例子。把指令电压 u^* 和半桥逆变电路的输出电压 u 进行比较，通过滤波器滤除偏差信号中的谐波分量，滤波器的输出送入滞环比较器，由比较器的输出控制主电路开关器件的通断，从而实现电压跟踪控制。和电流跟踪控制电路相比，只是把指令信号和反馈信号从电流变为电压。另外，因输出电压是PWM波形，其中含有大量的高次谐波，故必须用适当的滤波器滤除。

当上述电路的指令信号 $u^*=0$ 时，输出电压 u 为频率较高的矩形波，相当于一个自励振荡电路。u^* 为直流信号时，u 产生直流偏移，变为正负脉冲宽度不等、正宽负

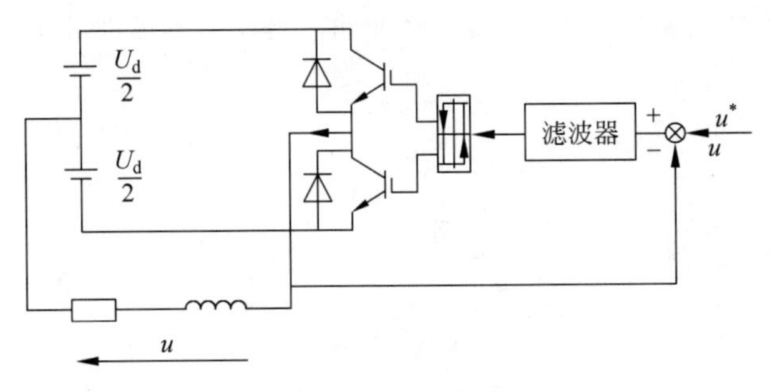

图 7.28 电压跟踪控制电路举例

窄或正窄负宽的矩形波，正负脉冲宽度之差由 u^* 的极性和大小决定。当 u^* 为交流信号时，只要其频率远低于上述自励振荡频率，从输出电压 u 中滤除由功率器件通断所产生的高次谐波后，所得的波形就几乎和 u^* 相同，从而实现电压跟踪控制。

7.3.2 三角波比较方式

如图 7.29 所示是采用三角波比较方式的电流跟踪型 PWM 逆变电路原理图。和前面所介绍的调制方法不同的是，这里并不是把指令信号和三角波直接进行比较而产生 PWM 波形，而是通过闭环来进行控制的。从图中可以看出，把指令电流 i_U^*、i_V^* 和 i_W^* 和逆变电路实际输出的电流 i_U、i_V 和 i_W 进行比较，求出偏差电流，通过放大器 A 放大后，再去和三角波进行比较，产生 PWM 波形。放大器 A 通常具有比例积分特性或比例特性，其系数直接影响着逆变电路的电流跟踪特性。

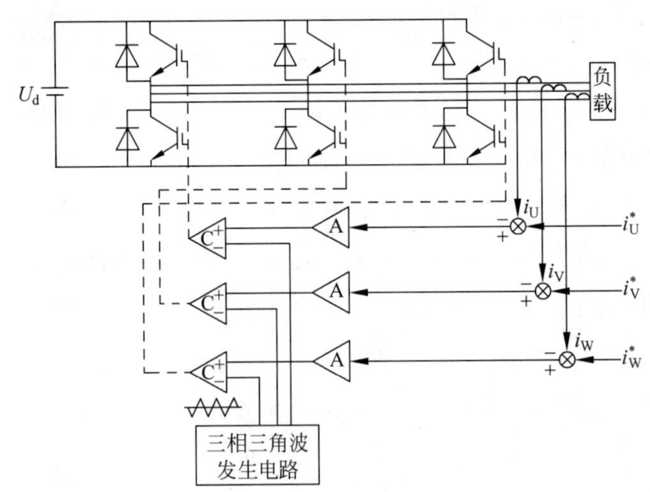

图 7.29 三角波比较方式电流跟踪型逆变电路

在这种三角波比较控制方式中,功率开关器件的开关频率是一定的,即等于载波频率,这给高频滤波器的设计带来方便。为了改善输出电压波形,三角波载波常用三相三角波信号。和滞环比较控制方式相比,这种控制方式输出电流所含的谐波少,因此常用于对谐波和噪声要求严格的场合。

除上述滞环比较方式和三角波比较方式外,PWM跟踪控制还有一种定时比较方式。这种方式不用滞环比较器,而是设置一个固定的时钟,以固定的采样周期对指令信号和被控制变量进行采样,并根据二者偏差的极性来控制变流电路开关器件的通断,使被控制量跟踪指令信号。以图7.24所示单相半桥逆变电路为例,在时钟信号到来的采样时刻,如果实际电流 i 小于直流电流 i^*,令 V_1 导通,V_2 关断,使 i 增大;如果 i 大于 i^*,则令 V_1 关断,V_2 导通,使 i 减小。这样,每个采样时刻的控制作用都使实际电流与指令电流的误差减小。采用定时比较方式时,功率器件的最高开关频率为时钟频率的1/2。和滞环比较方式相比,这种方式的电流控制误差没有一定的环宽,控制的精度要低一些。

7.4 PWM整流电路及其控制方法

目前在各个领域实际应用的整流电路几乎都是晶闸管相控直流电路或二极管整流电路。如第3章所述,晶闸管相控整流电路的输入电流滞后于电压,其滞后角随着触发延迟角 α 的增大而增大,位移因数也随之降低。同时,输入电流中谐波分量也相当大,因此功率因数很低。二极管整流电路虽然位移因数接近1,但输入电流中谐波分量很大,所以功率因数也很低。如前所述,PWM控制技术首先是在直流斩波电路和逆变电路中发展起来的。随着以IGBT为代表的全控型器件的不断进步,在逆变电路中采用的PWM控制技术已相当成熟。目前,SPWM控制技术已在交流调速用变频器和不间断电源中获得了广泛的应用。把逆变电路中的SPWM控制技术用于整流电路,就形成了PWM整流电路。通过对PWM整流电路的适当控制,可以使其输入电流非常接近正弦波,且和输入电压同相位,功率因数近似为1。这种整流电路也可以称为单位功率因数变流器,或高功率因数整流器。

7.4.1 PWM整流电路的工作原理

和逆变电路相同,PWM整流电路也可分为电压型和电流型两大类。目前研究和应用较多的是电压型PWM整流电路,因此这里主要介绍电压型的电路。由于PWM

整流电路可以看成是把逆变电路中的 SPWM 技术移植到整流电路中而形成的，所以 7.2 节讲述的 SPWM 逆变电路的知识对于理解 PWM 整流电路会有很大的帮助。下面分别介绍单相和三相 PWM 整流电路的构成及其工作原理。

1. 单相 PWM 整流电路

图 7.30(a)和(b)分别为单相半桥和全桥 PWM 整流电路。对于半桥电路来说，直流侧电容必须由两个电容串联，其中点和交流电源连接。对于全桥电路来说，直流侧电容只要一个就可以了。交流侧电感 L_S 包括外接电抗器的电感和交流电源内部电感，是电路正常工作所必需的。电阻 R_S 包括外接电抗器中的电阻和交流电源的内阻。

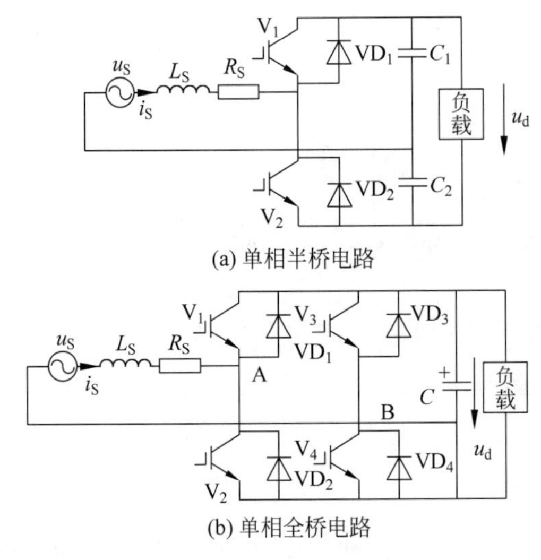

(a) 单相半桥电路

(b) 单相全桥电路

图 7.30 单相 PWM 整流电路

下面以全桥电路为例说明 PWM 整流电路的工作原理。由 SPWM 逆变电路的工作原理可知，按照正弦信号波和三角波相比较的方法对图 7.30(b)中的 $V_1 \sim V_4$ 进行 SPWM 控制，就可以在桥的交流输入端 A、B 产生一个 SPWM 波 u_{AB}，u_{AB} 中含有和正弦信号波同频率且幅值成比例的基波分量，以及和三角波载波有关的频率很高的谐波，而不含有低次谐波。由于电感 L_S 的滤波作用，高次谐波电压只会使交流电流 i_S 产生很小的脉动，可以忽略。这样，当正弦信号波的频率和电源频率相同时，i_S 也为与电源频率相同的正弦波。在交流电源电压 u_S 一定的情况下，i_S 的幅值和相位仅由 u_{AB} 中基波分量 u_{ABf} 的幅值及其与 u_S 的相位差来决定。改变 u_{ABf} 的幅值和相位，就可以使 i_S 与 u_S 同相位、反相位、i_S 比 u_S 超前 90°，或使 i_S 与 u_S 的相位差为所需要的角度。图 7.31 的相量图说明了这几种情况，图中 $\boldsymbol{U}_S$、$\boldsymbol{U}_L$、$\boldsymbol{U}_R$ 和 $\boldsymbol{I}_S$ 分别为交流电源电压 u_S、电感 L_S 上的电压 u_L、电阻 R_S 上的电压 u_R 以及交流电流 i_S 的相量，$\boldsymbol{U}_{AB}$ 为 u_{AB} 的相量。

图 7.31(a)中，$\boldsymbol{U}_{AB}$ 滞后 $\boldsymbol{U}_S$ 的相角为 δ，$\boldsymbol{I}_S$ 和 $\boldsymbol{U}_S$ 完全同相位，电路工作在整流状态，且功率因数为 1，这就是 PWM 整流电路最基本的工作状态。图 7.31(b)中，$\boldsymbol{U}_{AB}$ 超前 $\boldsymbol{U}_S$ 的相角为 δ，$\boldsymbol{I}_S$ 和 $\boldsymbol{U}_S$ 的相位正好相反，电路工作在逆变状态。这说明 PWM 整流电路可以实现能量正反两个方向的流动，既可以运行在整流状态，从交流侧向直流侧输送能量，也可以运行在逆变状态，从直流侧向交流侧输送能量。而且，这两种方式都可以在单位功率因数下运行。这一特点对于需要再生制动运行的交流电动机调速系统是很重要的。图 7.31(c)中 $\boldsymbol{U}_{AB}$ 滞后 $\boldsymbol{U}_S$ 的相角为 δ，$\boldsymbol{I}_S$ 超前 $\boldsymbol{U}_S 90°$，电路在向交流电源送出无功功率，这时的电路被称为静止无功功率发生器(Static Var Generator，SVG)，一般不再称之为 PWM 整流电路了。在图 7.31(d)的情况下，通过对 $\boldsymbol{U}_{AB}$ 幅值和相位的控制，可以使 $\boldsymbol{I}_S$ 比 $\boldsymbol{U}_S$ 超前或之后任一角度 φ。

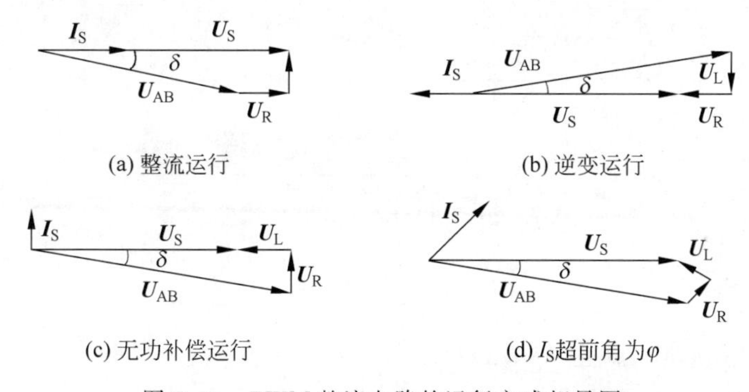

图 7.31　PWM 整流电路的运行方式相量图

对于单相全桥 PWM 整流电路的工作原理再作如下说明。在整流运行状态下，当 $u_S>0$ 时，由 V_2、VD_4、VD_1、L_S 和 V_3、VD_1、VD_4、L_S 分别组成了两个升压斩波电路。以包含 V_2 的升压斩波电路为例，当 V_2 导通时，u_S 通过 V_2、VD_4 向 L_S 储能，当 V_2 关断时，L_S 中储存的能量通过 VD_1、VD_4 向直流侧电容 C 充电。当 $u_S<0$ 时，由 V_1、VD_3、VD_2、L_S 和 V_4、VD_2、VD_3、L_S 分别组成了两个升压斩波电路，工作原理和 $u_S>0$ 时类似。因为电路按升压斩波电路工作，所以如果控制不当，直流侧电容电压可能比交流电压峰值高出许多倍，对电力半导体器件形成威胁。另一方面，如果直流侧电压过低，例如低于 u_S 的峰值，则 u_{AB} 中就得不到图 7.31(a)中所需要的足够高的基波电压幅值，或 u_{AB} 中含有较大的低次谐波，这样就不能按照需要控制 i_S，i_S 波形会发生畸变。

从上述分析可以看出，电压型 PWM 整流电路是升压型整流电路，其输出直流电压可以从交流电源电压峰值附近向高调节，如果向低调节就会使电路性能恶化，以致不能工作。

2. 三相 PWM 整流电路

图 7.32 是三相桥式 PWM 整流电路，这是最基本的 PWM 整流电路之一，其应用也最为广泛。图中 L_S、R_S 的含义和图 7.30(b)的单相全桥 PWM 整流电路完全相同。电路的工作原理也和前述的单相全桥电路相似，只是从单相扩展到三相。对电路进行 SPWM 控制，在桥的交流输入端 A、B 和 C 可得到 SPWM 电压，对各相电压按图 7.31(a)的相量图进行控制，就可以使各相电流 i_a、i_b、i_c 为正弦波且和电压相位相同，功率因数近似为 1。和单相电路相同，该电路也可以工作在图 7.31(b)的逆变运行状态及图 7.31(c)或图 7.31(d)的状态。

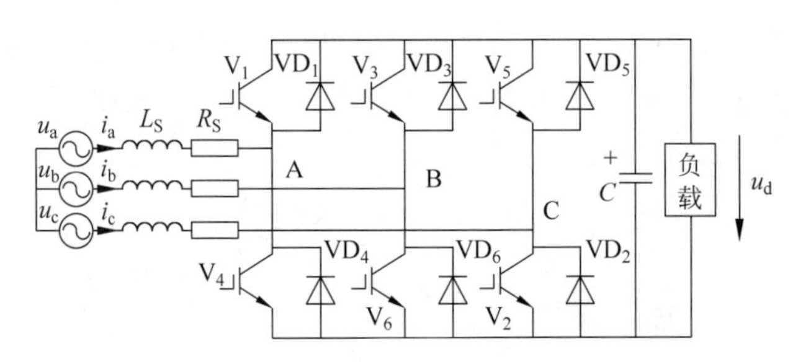

图 7.32　三相桥式 PWM 整流电路

7.4.2 PWM 整流电路的控制方法

为了使 PWM 整流电路在工作时功率因数近似为 1，即要求输入电流为正弦波且和电压同相位，可以有多种控制方法。根据有没有引入电流反馈可以将这些控制方法分为两种，没有引入交流电流反馈的称为间接电流控制，引入交流电流反馈的称为直接电流控制。下面分别介绍这两种控制方法的基本原理。

1. 间接电流控制

间接电流控制也称为相位和幅值控制。这种方法就是按照图 7.31(a)(逆变运行时为图 7.31(b))的相量关系来控制整流桥交流输入端电压，使得输入电流和电压同相位，从而得到功率因数为 1 的控制效果。

图 7.33 为间接电流控制的系统结构图，图中的 PWM 整流电路为图 7.32 的三相桥式电路。控制系统的闭环是整流器直流侧电压控制环。直流电压给定信号 u_d^* 和

实际的直流电压 u_d 比较后送入 PI 调节器,PI 调节器的输出为直流电流指令信号 i_d,i_d 的大小和整流器交流输入电流的幅值成正比。稳态时,$u_d=u_d^*$,PI 调节器输入为零,PI 调节器的输出 i_d 和整流器负载电流大小相对应,也和整流器交流输入电流的幅值相对应。当负载电流增大时,直流侧电容 C 放电而使其电压 u_d 下降,PI 调节器的输入端出现正偏差,使其输出 i_d 增大,i_d 的增大会使整流器的交流输入电流增大,也使直流侧电压 u_d 回升。达到稳态时,u_d 仍和 u_d^* 相等,PI 调节器输入仍恢复到零,而 i_d 则稳定在新的较大的值,与较大的负载电流和较大的交流输入电流相对应。当负载电流减小时,调节过程和上述过程相反。若整流器要从整流运行变为逆变运行时,首先是负载电流反向而向直流侧电容 C 充电,使 u_d 抬高,PI 调节器出现负偏差,其输出 i_d 减小后变为负值,使交流输入电流相位和电压相位反相,实现逆变运行。达到稳态时,u_d 和 u_d^* 仍然相等,PI 调节器输入恢复到零,其输出 i_d 为负值,并与逆变电流的大小相对应。

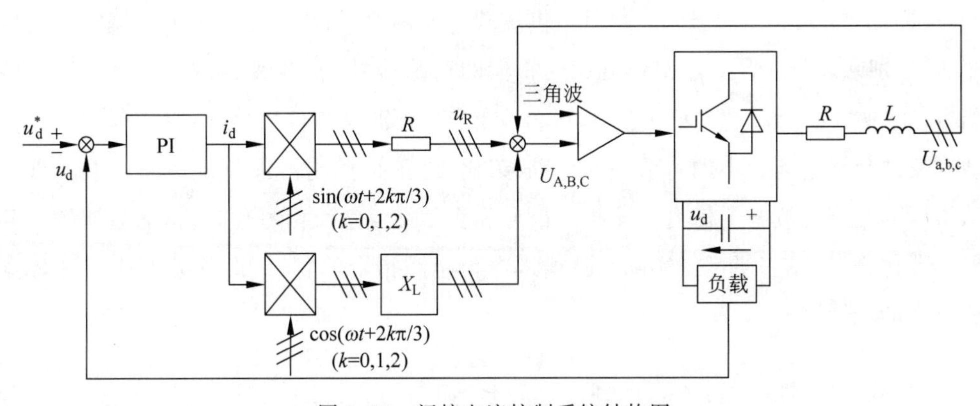

图 7.33 间接电流控制系统结构图

下面再来分析控制系统中其余部分的工作原理。图 7.33 中两个乘法器均为三相乘法器的简单表示,实际上两者均由三个单相乘法器组成。上面的乘法器是 i_d 分别乘以和 a、b、c 三相相电压同相位的正弦信号,再乘以电阻 R,就可得到各相电流在 R_S 上的压降 u_{Ra}、u_{Rb} 和 u_{Rc};下面的乘法器是 i_d 分别乘以比 a、b、c 三相相电压相位超前 $\pi/2$ 的余弦信号,再乘以电感 L 的感抗,就可得到各相电流在电感 L_S 上的压降 u_{La}、u_{Lb} 和 u_{Lc}。各相电源相电压 u_a、u_b、u_c 分别减去前面求得的输入电流在电阻 R 和电感 L 上的压降,就可得到所需要的整流桥交流输入端各相的相电压 u_A、u_B 和 u_C 的信号,用该信号对三角波载波进行调制,得到 PWM 开关信号去控制整流桥,就可以得到需要的控制效果。对照图 7.31(a)的相量图来分析控制系统结构图,可以对图中各环节输出的物理意义和控制原理有更为清楚的认识。

从控制系统结构及上述分析可以看出，这种控制方法在信号运算过程中要用到电路参数 L_S 和 R_S。当 L_S 和 R_S 的运算值和实际值有误差时，必然会影响到控制效果。此外，对照图 7.31(a)可以看出，这种控制方法是基于系统的静态模型设计的，其动态特性较差。因此，间接电流控制的系统应用较少。

2. 直接电流控制

在这种控制方法中，通过运算求出交流输入电流指令值，再引入交流电流反馈，通过对交流电流的直接控制而使其跟踪指令电流值，因此这种方法称为直接电流控制。直接电流控制中有不同的电流跟踪控制方法，图 7.34 给出的是一种最常用的采用电流滞环比较方式的控制系统结构图。

图 7.34 的控制系统是一个双闭环控制系统。其外环是直流电压控制环，内环是交流电流控制环。外环的结构、工作原理均和如图 7.33 所示的间接电流控制系统相同，前面已进行了详细的分析，这里不再重复。外环 PI 调节器的输出为直流电流信号 i_d，i_d 分别乘以和 a、b、c 三相相电压同相位的正弦信号，就得到三相交流电流的正弦指令信号 i_a^*、i_b^* 和 i_c^*。可以看出，i_a^*、i_b^* 和 i_c^* 分别和各自的电源电压同相位，其幅值和反映负载电流大小的直流信号 i_d 成正比，这正是整流器作单位功率因数运行时所需要的交流电流指令信号。该指令信号和实际交流电流信号比较后，通过滞环对各开关器件进行控制，便可使实际交流输入电流跟踪指令值，其跟踪误差在由滞环环宽所决定的范围内。

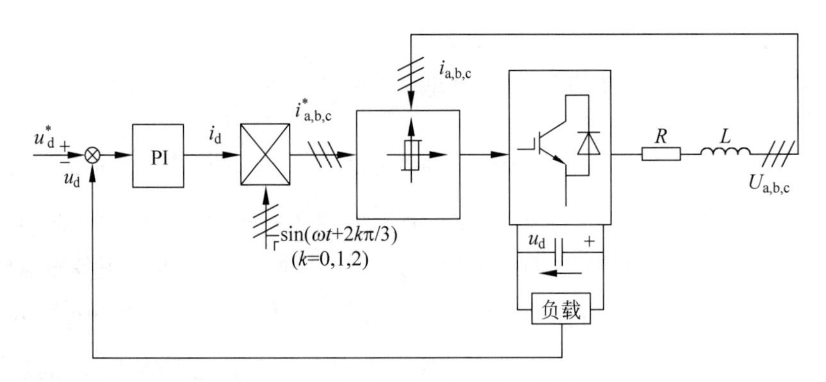

图 7.34　直接电流控制系统结构图

采用滞环电流比较的直接电流控制系统结构简单，电流响应速度快，控制运算中未使用电流参数，系统鲁棒性好，因而获得了较多的应用。

知识拓展

电源不像 CPU 或显卡,可以用软件查看温度,并且一般的 CPU 和显卡都有过热保护,但是电源没有,万一改了电源风扇后不可靠怎么办?设计一套能实现风扇自动温度控制(PWM)功能的电路(多路保险)。

电路用双运放实现,只要调节几个电阻就可以适应几乎所有的负温热敏电阻,而且可以方便地调节风扇开始运转温度和最高转速温度,最高转速电压可以达到 11.4V(比 12V 低 0.6V)。还有一路备用电路,并联一个由 65℃常开温度开关组成的风扇开启和报警电路。当温度超过 65℃后,开关闭合,接通风扇和蜂鸣器,可以防止由于温控电路失效造成的电源过热损坏。具体电路图如图 7.35 所示,此图的参数启动温度是 30℃,最高转速温度是 75℃。

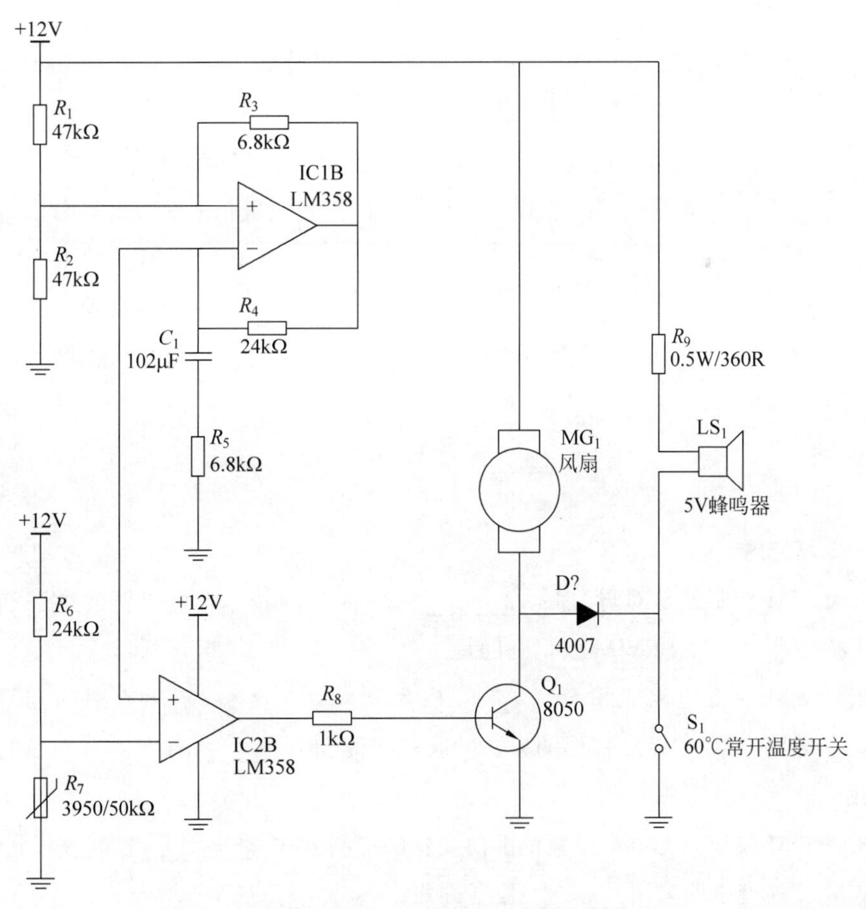

图 7.35　风扇自动温度控制(PWM)功能的电路图

本章小结

PWM 控制技术在晶闸管时代就已经产生，但是为了使晶闸管通断要付出很大代价，因而难以得到广泛应用。以 IGBT、电力 MOSFET 等全控器件的广泛使用大大促进了该项控制技术的发展。

直流-直流斩波电路实际上就是直流 PWM 电路，这是 PWM 控制技术应用较早也成熟较早的电路，把直流斩波电路应用于直流电机调速系统，这就是广泛的直流脉宽调速系统。

PWM 控制技术在逆变电路中的应用最具有代表性。本章重点即是 PWM 逆变电路，PWM 在整流电路即构成 PWM 整流电路，它属于斩控电路的范畴。这种技术可以看成逆变电路中的 PWM 技术向整流电路的延伸。

本章内容结构：

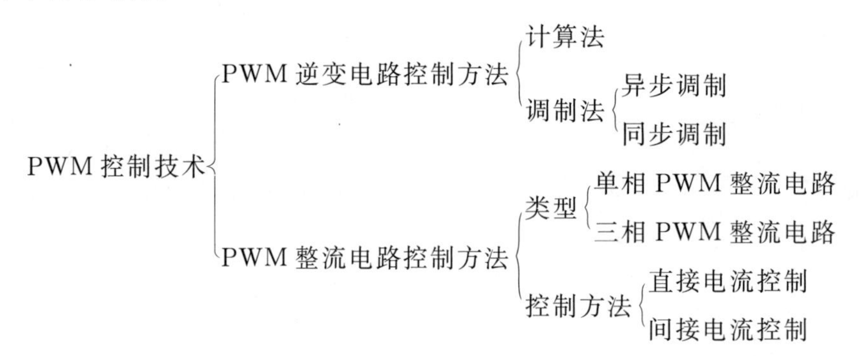

习题

一、填空题

1. PWM 控制就是对脉冲的________进行调制的技术；直流斩波电路得到的 PWM 波是________，SPWM 波得到的是________。

2. PWM 逆变电路也可分为________和________两种，实际应用的几乎都是________电路，得到 PWM 波形的方法一般有两种，即________和________，实际中主要采用________。

3. PWM 波形只在单个极性范围内变化的控制方式称________控制方式，三相桥式 PWM 型逆变电路采用________控制方式。

4. 根据载波和信号波是否同步及载波比的变化情况，PWM 调制方式可分为

________和________。一般为综合两种方法的优点，在低频输出时采用________方法，在高频输出时采用________方法。

5. 在正弦波和三角波的自然交点时刻控制开关器件的通断，这种生成 SPWM 波形的方法称________，实际应用中，采用________来代替上述方法，在计算量大大减小的情况下得到的效果接近真值。

6. 正弦波调制的三相 PWM 逆变电路，在调制度 α 为最大值 1 时，直流电压利用率为________，采用________波作为调制信号，可以有效地提高直流电压利用率，但是会为电路引入________。

7. PWM 逆变电路多重化联结方式有________和________，二重化后，谐波的最低频率在________附近。

8. 跟踪控制法有________方式、________方式和________方式三种方式；三种方式中，高次谐波含量较多的是________方式，用于对谐波和噪声要求严格的场合的是________方式。

9. PWM 整流电路可分为________和________两大类，目前研究和应用较多的是________ PWM 整流电路。

10. PWM 整流电路的控制方法有________和________，基于系统的静态模型设计、动态性能较差的是________，电流响应速度快、系统鲁棒性好的是________。

二、简答题

1. 试说明 PWM 控制的基本原理。

2. 设图 7.36 中半周期的脉冲数是 5，脉冲幅值是相应正弦波幅值的 2 倍，试按面积等效原理计算脉冲宽度。

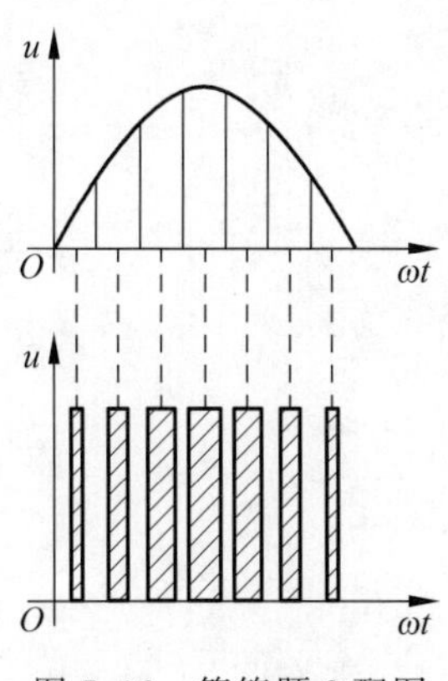

图 7.36　简答题 2 配图

3. 单极性和双极性 PWM 调制有什么区别？三相桥式 PWM 型逆变电路中，输出相电压（输出端相对于直流电源中点的电压）和线电压 SPWM 波形各有几种电平？

4. 试简单比较 PWM 控制中的计算法和调制法的特点。

5. 试简述线电压控制的定义、目的和两相控制方式的优点。

6. 简述 PWM 逆变电路多重化的目的。

7. 简述 PWM 跟踪控制技术中的三角波比较方式的特点。

8. 特定谐波消去法的基本原理是什么？设半个信号波周期内有 10 个开关时刻（不含 0 和 π 时刻）可以控制，可以消去的谐波有几种？

9. 什么是异步调制？什么是同步调制？两者各有何特点？分段同步调制有什么优点？

10. 什么是 SPWM 波形的规则化采样法？和自然采样法比规则采样法有什么优点？

11. 单相和三相 SPWM 波形中，所含主要谐波频率为多少？

12. 如何提高 PWM 逆变电路的直流电压利用率？

13. 什么是电流跟踪型 PWM 变流电路？采用滞环比较方式的电流跟踪型变流器有何特点？

14. 什么是 PWM 整流电路？它和相控整流电路的工作原理和性能有何不同？

15. 在 PWM 整流电路中，什么是间接电流控制？什么是直接电流控制？

第8章

软开关技术

学习目标与重点

- 掌握软开关电路控制的概念和分类；
- 重点掌握零电压开关准谐振电路的基本工作原理和波形分析方法；
- 重点掌握谐振直流环电路的基本工作原理和波形分析方法；
- 了解软开关技术出现的几个重要发展趋势。

关键术语

硬开关；软开关；零电压准谐振；谐振直流环；移相全桥；零电压转换

【应用导入】 同样的空调同样的变频控制,为什么还有耗电差异呢?

随着空调的普及,大家发现随着价格增长的同时,空调的性能也越来越完善,现在均采用变频技术,但是控制方式仍有所不同,所以耗电等级也不相同。其中本章所要学习的谐振直流环是很好的调频控制方法。

现代电力电子装置的发展趋势是小型化、轻量化,同时对装置的效率和电磁兼容性也提出了更高的要求。

通常,滤波电感、电容和变压器在装置的体积和重量中占很大比例。从"电路"和"电机学"的有关知识可以知道,提高开关频率可以减小滤波器的参数,并使变压器小型化,从而有效地降低装置的体积和重量,因此装置小型化、轻量化最直接的途径是电路的高频化。但在提高开关频率的同时,开关损耗也随之增加,电路效率严重下降,电磁干扰也增大了,所以简单地提高开关频率是不行的。针对这些问题出现了软开关技术,它主要解决电路中的开关损耗和开关噪声问题,使开关频率可以大幅度提高。

本章首先介绍软开关的基本概念及其分类,然后详细分析几种典型的软开关电路。

8.1 软开关的基本概念

8.1.1 硬开关与软开关

在本书前面章节的分析中,总是将电路理想化,特别是将开关理想化,忽略了开关过程对电路的影响，这样的分析方法便于理解电路的工作原理。但必须认识到，实际电路中开关过程是客观存在的，一定条件下还可能对电路的工作造成严重影响。

图 8.1 是前面章节讲过的降压型斩波电路。在这样的电路中，开关开通和关断过程中的电压和电流波形如图 8.2 所示，开关过程中电压、电流均不为零，出现了重叠，因此有显著的开关损耗，而且电压和电流变化的速度很快，波形出现了明显的过冲，从而产生了开关噪声，这样的开关过程称为硬开关，主要的开关过程为硬开关的电路称为硬开关电路。图 8.1 的电路是一个典型的硬开关电路。

开关损耗与开关频率之间呈线性关系，因此当硬电路的工作频率不太高时，开关损耗占总损耗的比例并不大，但随着开关频率的提高，开关损耗就越来越显著，这时候必须采用软开关技术来降低开关损耗。

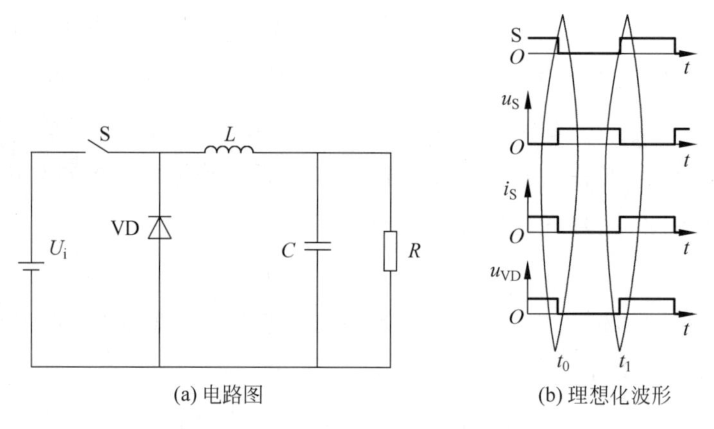

(a) 电路图　　(b) 理想化波形

图 8.1　硬开关降压型电路及波形

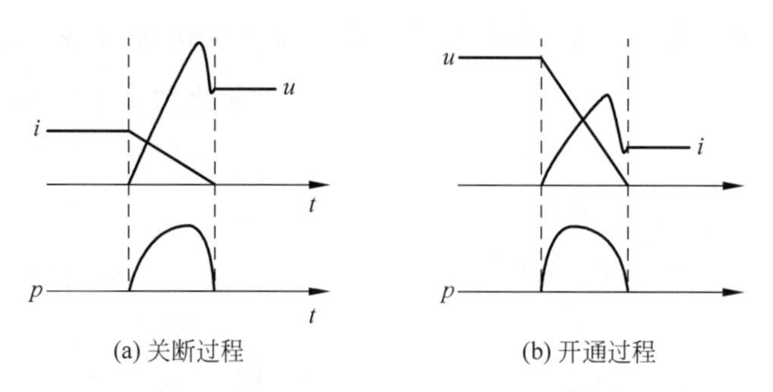

(a) 关断过程　　(b) 开通过程

图 8.2　硬开关过程中的电压和电流波形

一种典型的软开关电路——降压型零电压开关准谐振电路及其理想化波形如图 8.3 所示，作为与硬开关过程的对比，图 8.4 给出了该软开关电路中开关 S 换流过程的电压和电流的波形。

同硬开关电路相比，软开关电路中增加了谐振电感 L_r 和谐振电容 C_r，与滤波电

感 L 和电容 C 相比，L_r 和 C_r 的值小得多。另一个差别是，开关 S 增加了反并联二极管 VD_S，而硬开关电路中不需要这个二极管。

软开关电路中 S 关断后 L_r 与 C_r 间发生谐振，电路中电压和电流的波形类似于正弦半波。谐振减缓了开关过程中电压、电流的变化，而且使 S 两端的电压在其开通前就降为零。这使得开关损耗和开关噪声都大大降低。

图 8.3 软开关电路说明了绝大部分软开关电路的基本特征。通过在开关过程前后引入谐振，使开关开通前电压先降到零，关断前电流先降到零，就可以消除开关过程中电压、电流的重叠，降低它们的变化率，从而大大减小甚至消除开关损耗。同时，谐振过程限制了开关过程中电压和电流的变化率，这使得开关噪声也显著减小。这样的电路被称为软开关电路，而这样的开关过程也被称为软开关。

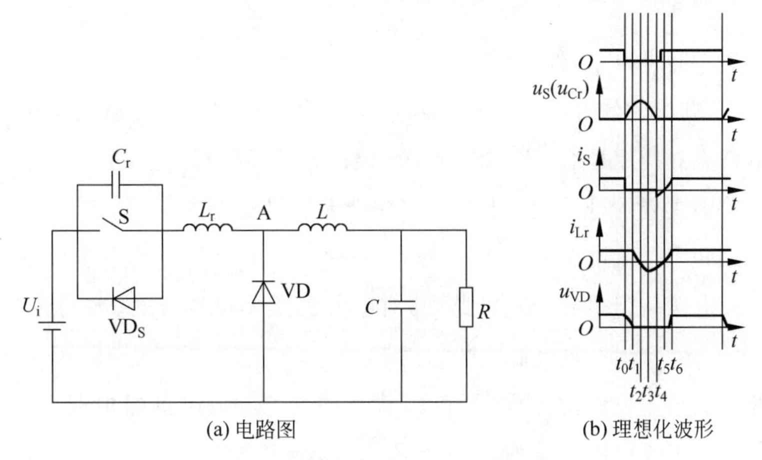

(a) 电路图　　(b) 理想化波形

图 8.3　降压型零电压开关准谐振电路及波形

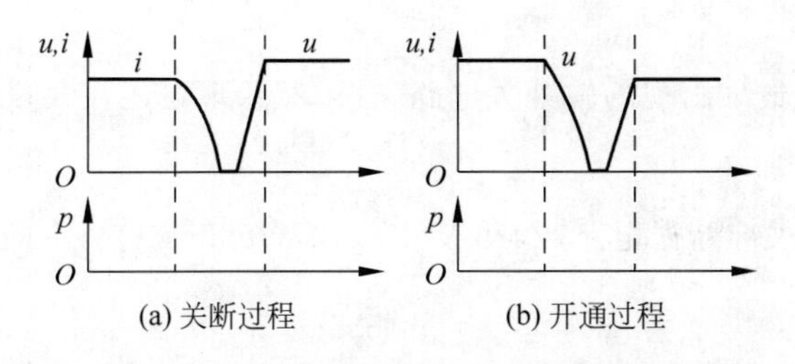

(a) 关断过程　　(b) 开通过程

图 8.4　软开关过程中的电压和电流波形

8.1.2　零电压开关与零电流开关

使开关开通前其两端电压为零，则开关开通时就不会产生损耗和噪声，这种开通方式称为零电压开通；使开关关断前其电流为零，则开关关断时也不会产生损耗和噪声，这种关断方式称为零电流关断。在很多情况下，不再指出开通或关断，仅称零电压开关和零电流开关。零电压开通和零电流关断要靠电路中的谐振来实现。

与开关并联的电容能使开关关断后电压上升缓慢，从而降低关断损耗，有时称这种关断过程为零电压关断；与开关相串联的电感能使开关开通后电流上升延缓，降低了开通损耗，有时称之为零电流开通。简单地利用并联电容实现零电压关断和利用串联电感实现零电流开通一般会给电路造成总损耗增加、关断过电压增大等负面影响，是得不偿失的，没有应用价值。

8.2 软开关电路的分类

软开关技术问世以来，经历了不断的发展和完善，前后出现了许多种软开关电路，直到目前为止，新型的软开关拓扑仍不断出现。由于存在众多的软开关电路，而且各自有不同的特点和应用场合，因此对这些电路进行分类是很必要的。

根据电路中主要的开关元件是零电压开通还是零电流关断，可以将软开关电路分成零电压电路和零电流电路两大类。通常，一种软开关电路要么属于零电压电路，要么属于零电流电路。但也有个别电路中，有些开关是零电压开通，另一些开关是零电流关断的。

根据软开关技术发展的历程，可以将软开关电路分成准谐振电路、零开关 PWM 电路和零转换 PWM 电路。下面分别介绍这三类软开关电路。

1. 准谐振电路

准谐振电路是最早出现的软开关电路，其中有些现在还在大量使用。准谐振电路可以分为：

(1) 零电压开关准谐振电路(Zero-Voltage-Switching Quasi-Resonant Converter, ZVS QRC)；

(2) 零电流开关准谐振电路(Zero-Current-Switching Quasi-Resonant Converter, ZCS QRC)；

(3) 零电压开关多谐振电路(Zero-Voltage-Switching Multi-Resonant Converter, ZVS MRC)；

(4) 用于逆变器的谐振直流环(Resonant DC Link)。

图 8.5 以降压型电路(Buck)为例给出了前三种软开关电路，谐振直流环电路将

在8.3.2节介绍。

准谐振电路中电压或电流的波形为正弦半波，因此称之为准谐振。谐振的引入使得电路的开关损耗和开关噪声都大大下降，但也带来一些负面问题：谐振电压峰值很高，要求器件耐压必须提高；谐振电流的有效值很大，电路中存在大量的无功功率的交换，造成电路导通损耗加大；谐振周期随输入电压、负载变化而改变，因此电路只能采用脉冲频率调制(Pulse Frequency Modulation，PFM)方式来控制，变化的开关频率给电路设计带来困难。

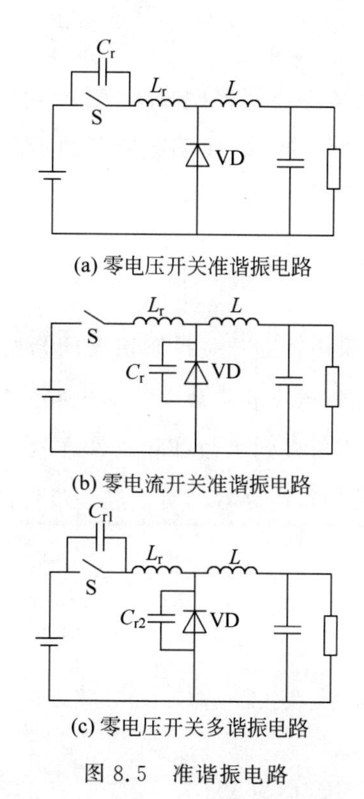

图8.5　准谐振电路

2. 零开关PWM电路

零开关PWM电路中引入了辅助开关来控制谐振的开始时刻，使谐振仅发生于开关过程前后。零开关PWM电路可以分为：

(1) 零电压开关PWM电路(Zero-Voltage-Switching PWM Converter，ZVS PWM)；

(2) 零电流开关PWM电路(Zero-Current -Switching PWM Converter，ZCS PWM)。

这两种电路的基本开关单元如图 8.6 所示。

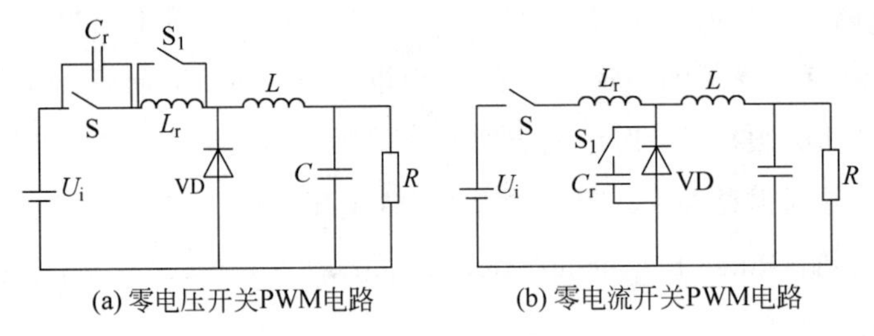

(a) 零电压开关PWM电路　(b) 零电流开关PWM电路

图 8.6　零开关 PWM 电路

同准谐振电路相比,这类电路有很多明显的优势:电压和电流基本上是方波,只是上升沿和下降沿较缓,开关承受的电压明显降低,电路可以采用开关频率固定的PWM 控制方式。

3. 零转换 PWM 电路

零转换 PWM 电路也是采用辅助开关控制谐振的开始时刻,所不同的是,谐振电路是与主开关并联的,因此输入电压和负载电流对电路的谐振过程影响很小,电路在很宽的输入电压范围内和从零负载到满载都能工作在软开关状态。而且电路中无功功率的交换被削减到最小,这使得电路效率有了进一步提高。零转换 PWM 电路可以分为:

(1) 零电压转换 PWM 电路(Zero-Voltage-Transition PWM Converter,ZVT PWM);

(2) 零电流开关 PWM 电路(Zero-Current-Transition PWM Converter,ZCT PWM)。

这两种电路的基本开关单元如图 8.7 所示。

对于上述各类电路中的典型电路,将在下一节进行详细分析。

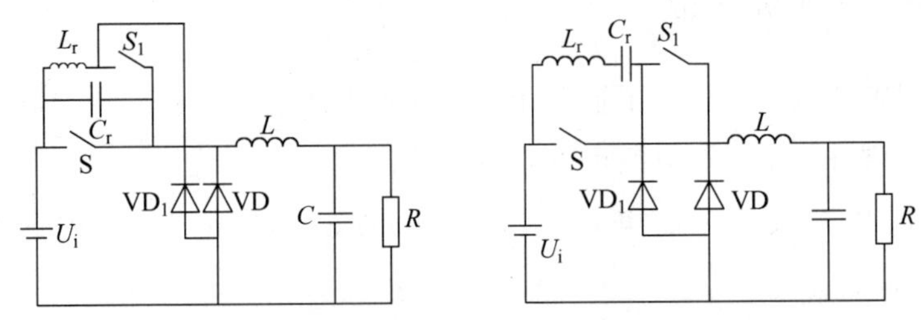

(a) 零电压转换PWM电路的基本开关单元　(b) 零电流压转换PWM电路的基本开关单元

图 8.7　零转换 PWM 电路的基本开关单元

8.3 典型的软开关电路

本节将对4种典型的软开关电路进行详细的分析，目的在于使读者不仅了解这些常见的软开关电路，而且能初步掌握软开关电路的分析方法。

8.3.1 零电压开关准谐振电路

零电压开关准谐振电路是一种结构较为简单的软开关电路，容易分析和理解。本节以降压型电路为例，分析其工作原理，电路原理如图8.8所示，电路工作时理想化的波形如图8.9所示。在分析的过程中，假设电感L和电容C很大，可以等效为电流源和电压源，并忽略电路中的损耗。

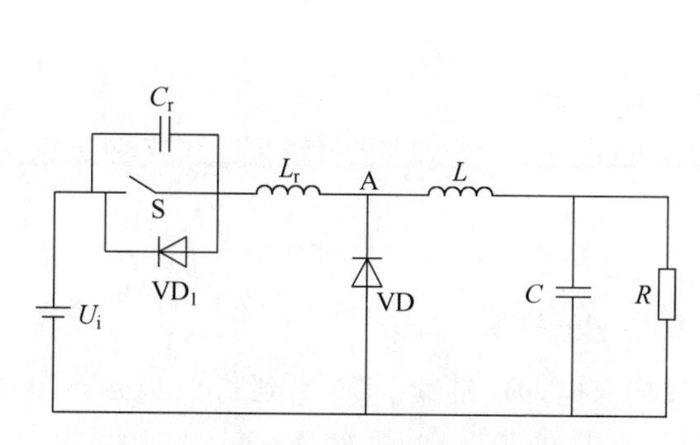

图8.8 零电压开关准谐振电路原理图

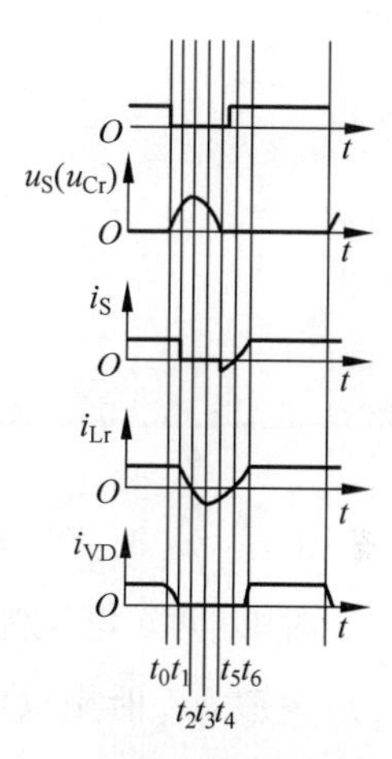

图8.9 零电压开关准谐振电路的理想化波形

开关电路的工作过程是按开关周期重复的，在分析时可以选择开关周期中任意时刻为分析的起点，选择合适的起点，可以简化分析过程。

在分析零电压开关准谐振电路时，选择开关S的关断时刻为分析的起点最为合适，下面结合图8.9逐段分析电路的工作过程。

$t_0 \sim t_1$时段：t_0时刻之前，开关S为通态，二极管VD为断态，$u_{Cr}=0$，$i_{Lr}=I_L$；t_0时刻，S关断，与其并联的电容C_r使S关断后电压上升减缓，因此S的关断损耗减小。S关断后，VD尚未导通，电路可以等效为图8.10。

电感L_r+L向C_r充电，由于L很大，可以等效为电流源。u_{Cr}线性上升，同时

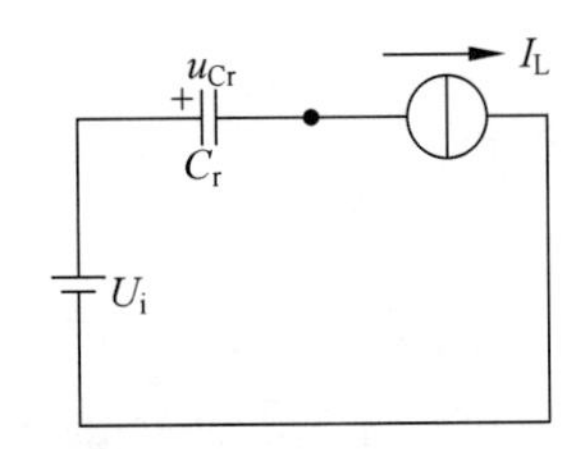

图 8.10 零电压开关准谐振电路在 t_0～t_1 时段等效电路

VD 两端电压 u_{VD} 逐渐下降，直到 t_1 时刻，$u_{VD}=0$，VD 导通。这一时段 u_{Cr} 的上升率

$$\frac{du_{Cr}}{dt}=\frac{I_L}{C_r} \tag{8-1}$$

t_1～t_2 时段：t_1 时刻二极管 VD 导通，电感 L 通过 VD 续流，C_r、L_r、U_i 形成谐振回路，如图 8.11 所示。谐振过程中，L_r 对 C_r 充电，u_{Cr} 不断上升，i_{Lr} 不断下降，直到 t_2 时刻，i_{Lr} 下降到零，u_{Cr} 达到谐振峰值。

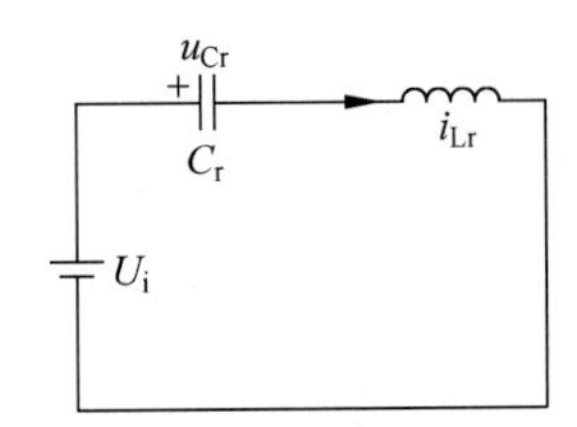

图 8.11 零电压开关准谐振电路在 t_1～t_2 时段等效电路

t_2～t_3 时段：t_2 时刻后，C_r 向 L_r 放电，i_{Lr} 改变方向，u_{Cr} 不断下降，直到 t_3 时刻，$u_{Cr}=U_i$，这时 L_r 两端电压为零，i_{Lr} 达到反向谐振峰值。

t_3～t_4 时段：t_3 时刻以后，L_r 向 C_r 反向充电，u_{Cr} 继续下降，直到 t_4 时刻 $u_{Cr}=0$。

t_1～t_4 时段电路谐振过程的方程为

$$\begin{cases} L_r\dfrac{di_{Lr}}{dt}+u_{Cr}=U_i \\ C_r\dfrac{du_{Cr}}{dt}=i_{Lr} \\ u_{Cr}\big|_{t=t_1}=U_i, i_{Lr}\big|_{t=t_1}=I_L, t\in[t_1,t_4] \end{cases} \tag{8-2}$$

t_4～t_5 时段：u_{Cr} 被钳位于零，L_r 两端电压为 U_i，i_{Lr} 线性衰减，直到 t_5 时刻，$i_{Lr}=0$。由于这一时段开关 S 两端电压为零，所以必须在这一时段使 S 开通，才不会产生开通损耗。

t_5～t_6 时段：S 为通态，i_{Lr} 线性上升，直到 t_6 时刻，$i_{Lr}=I_L$，VD 关断。

t_4～t_6 时段电流 i_{Lr} 的变化率为

$$\frac{\mathrm{d}i_{\mathrm{Lr}}}{\mathrm{d}t}=\frac{U_{\mathrm{i}}}{L_{\mathrm{r}}} \tag{8-3}$$

$t_6 \sim t_0$ 时段：S为通态，VD为断态。

谐振过程是软开关电路工作过程中最重要的部分，通过对谐振过程的详细分析可以得到很多对软开关电路的分析、设计和应用具有指导意义的重要结论。下面就对零电压开关准谐振电路 $t_1 \sim t_4$ 时段的谐振过程进行定量分析。

通过求解式(8-2)可得 u_{Cr}(即开关S的电压 u_{S})的表达式

$$u_{\mathrm{Cr}}(t)=\sqrt{\frac{L_{\mathrm{r}}}{C_{\mathrm{r}}}}I_{\mathrm{L}}\sin\omega_{\mathrm{r}}(t-t_1)+U_{\mathrm{i}}, \quad \omega_{\mathrm{r}}=\frac{1}{\sqrt{L_{\mathrm{r}}C_{\mathrm{r}}}}, \quad t\in[t_1,t_4] \tag{8-4}$$

求其在$[t_1,t_4]$上的最大值就得到 u_{Cr} 的谐振峰值表达式，这一谐振峰值就是开关S承受的峰值电压，即

$$u_{\mathrm{P}}=\sqrt{\frac{L_{\mathrm{r}}}{C_{\mathrm{r}}}}I_{\mathrm{L}}+U_{\mathrm{i}} \tag{8-5}$$

从式(8-4)可以看出，如果正弦项的幅值小于 U_{i}，u_{Cr} 就不可能谐振到零，开关S也就不可能实现零电压开通，因此

$$\sqrt{\frac{L_{\mathrm{r}}}{C_{\mathrm{r}}}}I_{\mathrm{L}}\geqslant U_{\mathrm{i}} \tag{8-6}$$

就是零电压开关准谐振电路实现软开关的条件。

综合式(8-5)和式(8-6)，谐振电压峰值将高于输入电压 U_{i} 的2倍，开关S的耐压必须相应提高。这增加了电路的成本，降低了可靠性，是零电压开关准谐振电路的一大缺点。

8.3.2 谐振直流环

谐振直流环是适用于变频器的一种软开关电路，以这种电路为基础，出现了不少性能更好的用于变频器的软开关电路，对这一基本电路的分析将有助于理解各种导出电路的原理。

各种交流-直流-交流变换电路中都存在中间直流环节(DC-Link)。谐振直流环电路通过在直流环节中引入谐振，使电路中的整流或逆变环节工作在软开关的条件下。图8.12为用于电压型逆变器的谐振直流环的电路，它用一个辅助开关S就可以使逆变桥中所有的开关工作在零电压开通的条件下。值得注意的是，这一电路图仅用于原理分析，实际电路中连开关S也不需要，S的开关动作可以用逆变电路中的开关的直通与关断来代替。

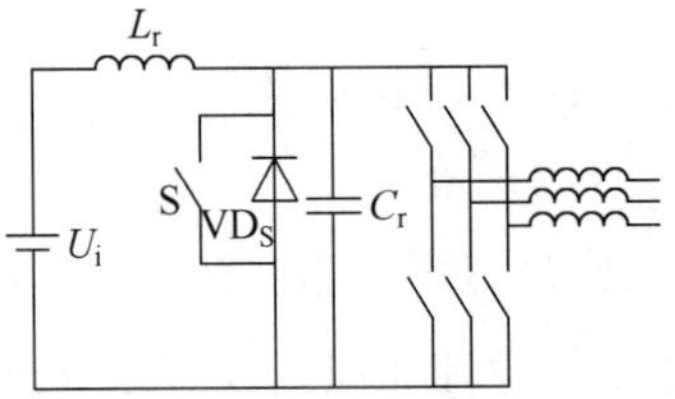

图 8.12 谐振直流环电路原理图

由于电压型逆变电路的负载通常为感性，而且在谐振过程中逆变电路的开关状态是不变的，因此在分析时可以将电路等效为图 8.13，其理想化波形如图 8.14 所示。

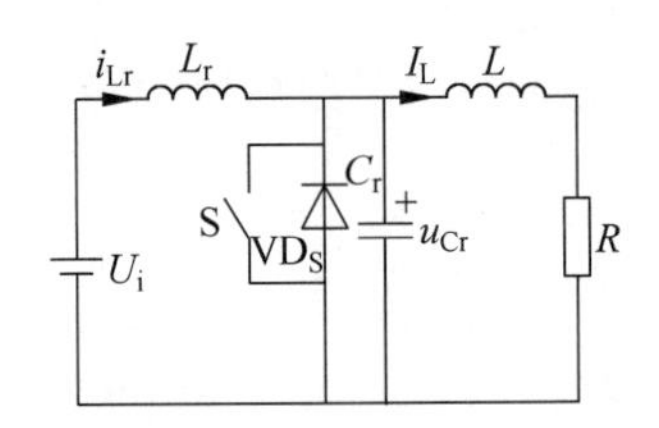

图 8.13 谐振直流环电路的等效电路

由于同谐振过程相比，感性负载的电流变化非常缓慢，因此可以将负载电流视为常量。在分析中忽略电路中的损耗。

下面结合图 8.14，以开关 S 关断时刻为起点，分阶段分析电路的工作过程。

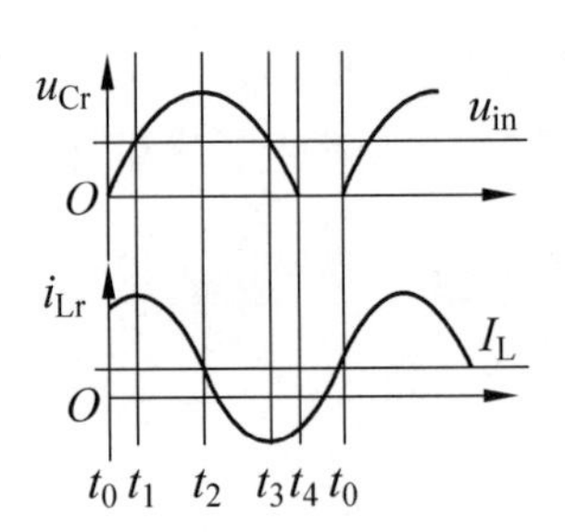

图 8.14 谐振直流环电路的理想化波形

$t_0 \sim t_1$ 时段：t_0 时刻之前，电感 L_r 的电流 i_{Lr} 大于负载电流 I_L，开关 S 处于通态；t_0 时刻，S 关断，电路发生谐振。因为 $i_{Lr} > I_L$，因此 i_{Lr} 对 C_r 充电，u_{Cr} 不断升高，直到 t_1 时刻，$u_{Cr} = U_i$。

$t_1 \sim t_2$ 时段：t_1 时刻由于 $u_{Cr} = U_i$，L_r 两端电压差为零，因此谐振电流 i_{Lr} 达到峰值。t_1 时刻以后，i_{Lr} 继续向 C_r 充电并不断减小，而 u_{Cr} 进一步升高，直到 t_2 时刻 $i_{Lr} = I_L$，u_{Cr} 达到谐振峰值。

$t_2 \sim t_3$ 时段：t_2 时刻以后，u_{Cr} 向 L_r 和 I_L 放电，i_{Lr} 继续降低，到零后反向，C_r 继

续向 L_r 放电，i_{Lr} 反向增加，直到 t_3 时刻 $u_{Cr}=U_i$。

$t_3 \sim t_4$ 时段：t_3 时刻，$u_{Cr}=U_i$，i_{Lr} 达到反向谐振峰值，然后 i_{Lr} 开始衰减，u_{Cr} 继续下降，直到 t_4 时刻，$u_{Cr}=0$，S 的反并联二极管 VD_s 导通，u_{Cr} 被钳位于零。

$t_4 \sim t_0$ 时段：S 导通，电流 i_{Lr} 线性上升，直到 t_0 时刻，S 再次关断。

同零电压开关准谐振电路相似，谐振直流环电路中电压 u_{Cr} 的谐振峰值很高，增加了对开关器件耐压的要求。

8.3.3 移相全桥型零电压开关 PWM 电路

移相全桥电路是目前应用最广泛的软开关电路之一，它的特点是电路很简单(如图 8.15 所示)，同硬开关全桥电路相比，并没有增加辅助开关等元件，而是仅仅增加了一个谐振电感，就使电路中 4 个开关器件都在零电压的条件下开通，这得益于其独特的控制方法(如图 8.16 所示)。下面结合图 8.15 和图 8.16 进行分析。

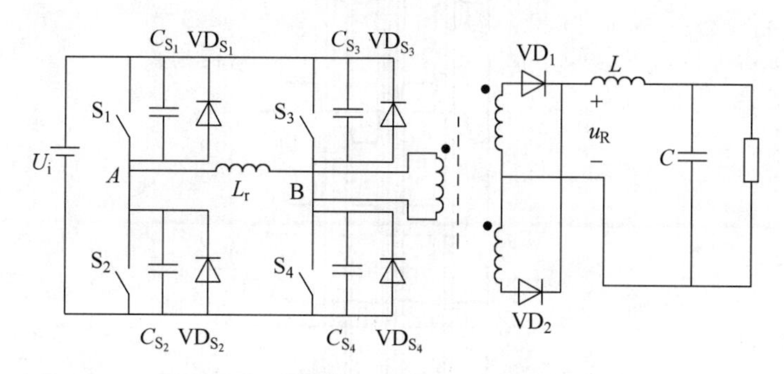

图 8.15　移相全桥零电压开关 PWM 电路

移相全桥电路的控制方式有几个特点：

(1) 在一个开关周期 T_S 内，每一个开关导通的时间都略小于 $T_S/2$，而关断的时间都略大于 $T_S/2$。

(2) 同一个半桥中上下两个开关不同时处于通态，每一个开关关断到另一个开关开通都要经过一定的死区时间。

(3) 比较互为对角的两对开关 S_1-S_4 和 S_2-S_3 的开关函数的波形，S_1 的波形比 S_4 超前 $0 \sim T_S/2$ 时间，而 S_2 的波形比 S_3 超前 $0 \sim T_S/2$ 时间，因此称 S_1 和 S_2 为超前的桥臂，而称 S_3 和 S_4 为滞后的桥臂。

在分析过程中，假设开关器件都是理想的，并忽略电路中的损耗。

$t_0 \sim t_1$ 时段：在这一时段，S_1 与 S_4 都导通，直到 t_1 时刻 S_1 关断。

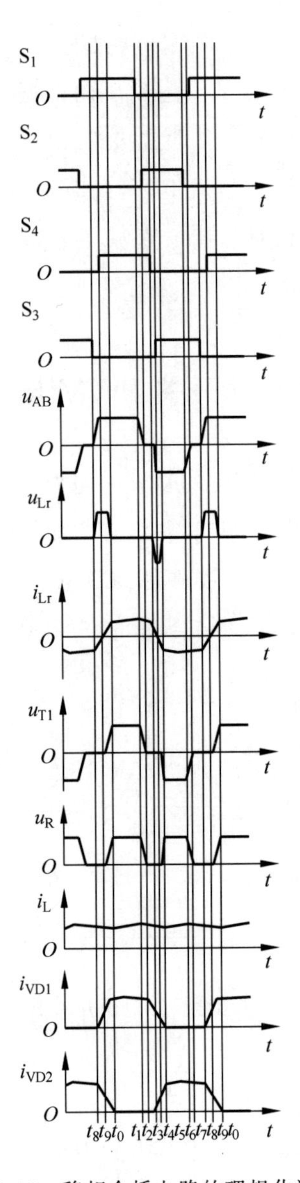

图 8.16 移相全桥电路的理想化波形

$t_1 \sim t_2$ 时段：t_1 时刻开关 S_1 关断后，电容 C_{S_1}、C_{S_2} 与电感 L_r、L 构成谐振回路，如图 8.17 所示。谐振开始时 $u_A(t_1)=U_i$，在谐振过程中，u_A 不断下降，直到 $u_A=0$，VD_{S_2} 导通，电流 i_{Lr} 通过 VD_{S_2} 续流。

$t_2 \sim t_3$ 时段：t_2 时刻开关 S_2 开通，由于此时其反并联二极管 VD_{S_2} 正处于导通状态，因此 S_2 开通时电压为零，开通过程中不会产生开关损耗，S_2 开通后，电路状态也不会改变，继续保持到 t_3 时刻 S_4 关断。

$t_3 \sim t_4$ 时段：t_3 时刻开关 S_4 关断后，电路的状态变为图 8.18 所示。

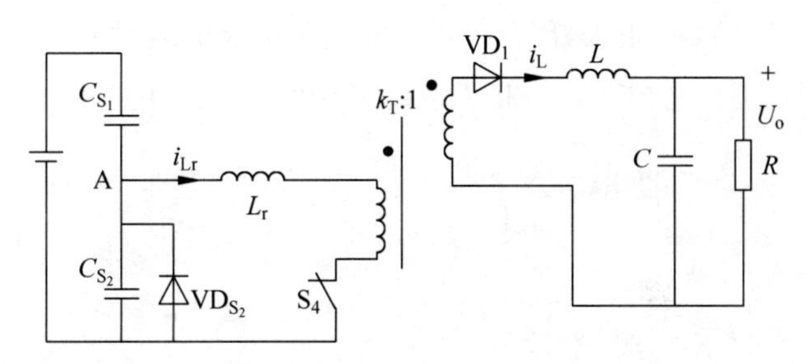

图 8.17　移相全桥电路 $t_1 \sim t_2$ 阶段的等效电路

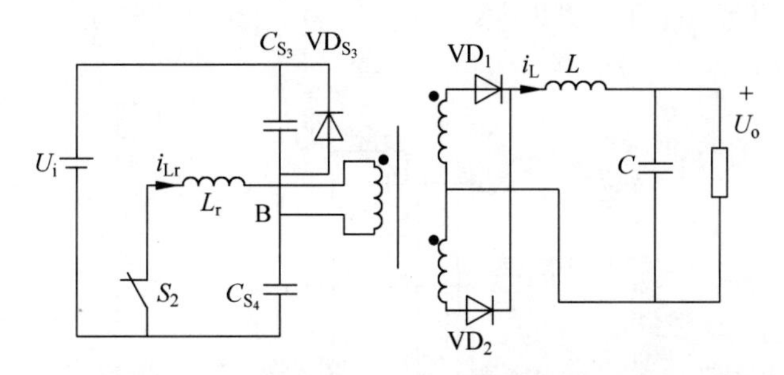

图 8.18　移相全桥电路 $t_3 \sim t_4$ 阶段的等效电路

这时变压器二次侧整流二极管 VD_1 和 VD_2 同时导通，变压器一次和二次电压均为零，相当于短路，因此变压器一次侧 C_{S_3}、C_{S_4} 与电感 L_r 构成谐振回路。谐振过程中谐振电感 L_r 的电流不断减小，B 点电压不断上升，直到 S_3 的反并联二极管 VD_{S_3} 导通。这种状态维持到 t_4 时刻 S_3 开通。S_3 开通前 VD_{S_3} 导通，因此 S_3 是在零电压的条件下开通，开通损耗为零。

$t_4 \sim t_5$ 时段：S_3 开通后，谐振电感 L_r 的电流继续减小。电感电流 i_{Lr} 下降到零后，便反向不断增大，直到 t_5 时刻 $i_{Lr} = I_L/k_T$，变压器二次侧整流管 VD_1 的电流下降到零而关断，电流 I_L 全部转移到 VD_2 中。

$t_0 \sim t_5$ 时段正好是开关周期的一半，而在另一半开关周期 $t_5 \sim t_0$ 时段中，电路的工作过程与 $t_0 \sim t_5$ 时段完全对称，不再叙述。

8.3.4　零电压转换 PWM 电路

零电压转换 PWM 电路是另一种常用的软开关电路，具有电路简单、效率高等优点，广泛用于功率因数校正电路(PFC)、DC-DC 变换器、斩波器等。本节以升压电路为例介绍这种软开关电路的工作原理。

升压型零电压转换 PWM 电路的原理如图 8.19 所示，其理想化波形如图 8.20 所示。在分析中假设电感 L 很大,因此可以忽略其中电流的波动;电容 C 也很大,因此输出电压的波动也可以忽略。在分析中忽略了元件与线路中的损耗。

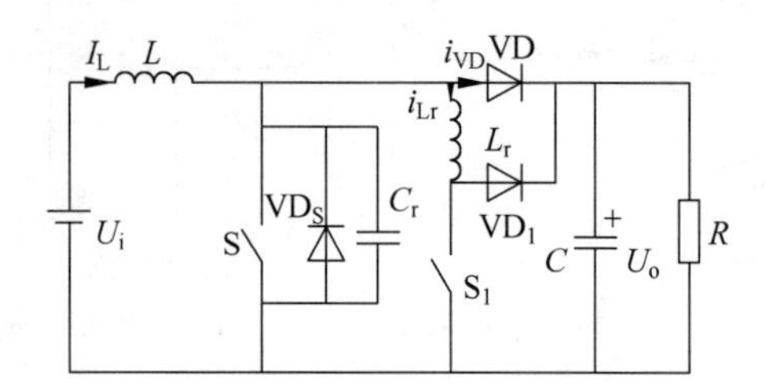

图 8.19　升压型零电压转换 PWM 电路的原理图

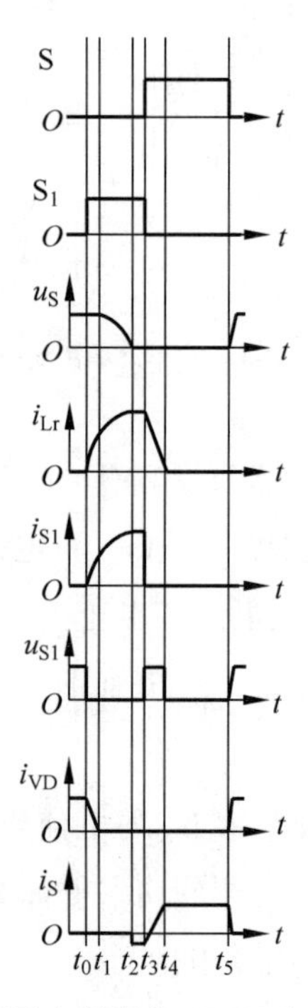

图 8.20　升压型零电压转换 PWM 电路的理想化波形

从图 8.20 可以看出,在零电压转换 PWM 电路中,辅助开关 S_1 超前于主开关 S 开通,而 S 开通后 S_1 就关断了。主要的谐振过程都集中在 S 开通前后。下面分阶段介绍电路的工作过程:

$t_0 \sim t_1$ 时段:辅助开关先于主开关开通,由于此时二极管 VD 尚处于通态,所以电感 L_r 两端电压为 U_o,电流 i_{Lr} 按线性迅速增长,二极管 VD 中的电流以同样的速率下降。直到 t_1 时刻,$i_{Lr}=I_L$,二极管 VD 中电流下降到零而自然关断。

$t_1 \sim t_2$ 时段:此时电路可以等效为图 8.21。L_r 与 C_r 构成谐振回路,由于 L 很大，谐振过程中其电流基本不变，对谐振影响很小，可以忽略。

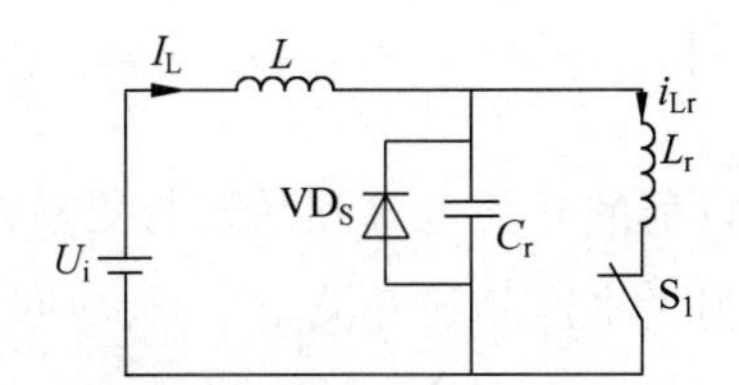

图 8.21　升压型零电压转换 PWM 电路在 $t_1 \sim t_2$ 时段的等效电路

谐振过程中 L_r 的电流增加而 C_r 的电压下降，t_2 时刻其电压 u_{Cr} 刚好降到零，开关 S 的反并联二极管 VD_S 导通，u_{Cr} 被钳位于零，而电流 i_{Lr} 保持不变。

$t_2 \sim t_3$ 时段：u_{Cr} 被钳位于零，而电流 i_{Lr} 保持不变，这种状态一直保持到 t_3 时刻 S 开通，S_1 关断。

$t_3 \sim t_4$ 时段：t_3 时刻 S 开通时，其两端电压为零，因此没有开关损耗。S 开通的同时 S_1 关断，L_r 中的能量通过 VD_1 向负载侧输送，其电流线性下降，而主开关 S 中的电流线性上升。到 t_4 时刻 $i_{Lr}=0$，VD_1 关断，主开关 S 中的电流 $i_S=I_L$，电路进入正常导通状态。

$t_4 \sim t_5$ 时段：t_5 时刻 S 关断。由于 C_r 的存在，S 关断时的电压上升率受到限制，降低了 S 的关断损耗。

8.4　软开关技术新进展

软开关技术的发展是受到其应用领域对于电源装置不断提高的技术要求而推动的，特别是以计算机产业、通信产业为代表的 IT 产业，对于效率和体积的要求达到了近乎苛刻的地步。顺应这一需求，软开关技术出现了以下几个重要的发展趋势。

(1) 新的软开关电路拓扑的数量仍在不断增加，软开关技术的应用也越来越普遍。

(2) 在开关频率接近甚至超过 1MHz、对效率要求又很高的场合，曾经被遗忘的谐振电路又重新得到应用，并且表现出很好的性能。

(3) 采用几个简单、高效的开关电路，通过级联、并联和串联构成组合电路，替代原来的单一电路成为一种趋势。在不少应用场合，组合电路的性能比单一电路显著提高。

知识拓展

随着科技的进步,对于以前的开关电源产品进行更新换代已是必然趋势。目前,开关电源的产品种类很多,但大多产品的开关频率低、功率低,采用硬开关技术设计的开关电源的开关损耗大,效率低。由于航空、航天等现代科技的飞速发展,对于开关电源的要求越来越高,现有的电源已不能满足要求,为此,需采用软开关技术。应用全桥电路,设计出的一种大功率的实用开关电源。

软开关电源的主电路设计如图 8.22 所示。

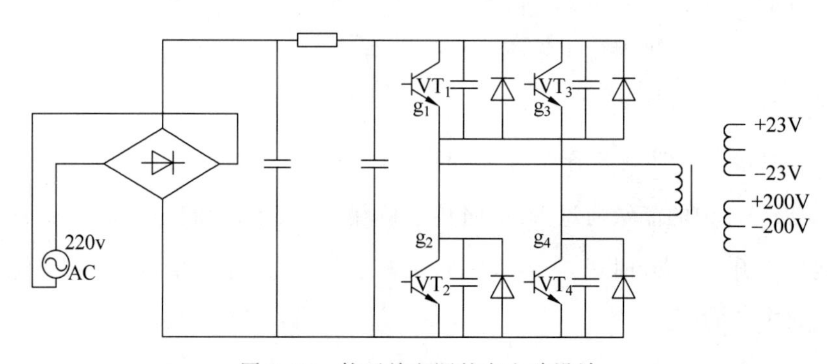

图 8.22　软开关电源的主电路设计

输入电压为交流 220V,经过二极管整流桥进行整流,把交流变成直流,然后加一个 PI 型滤波电路进行滤波,消除电压的脉动,再经过全桥变换电路,这里采用的是软开关技术,软开关 DC-DC 变换电路是采用恒频移相控制,通过改变逆变器中两桥臂对下角功率开关器件驱动信号移相角的大小,来改变输出电压的大小,从而实现对输出电流的控制,且电路的工作频率不变。功率开关器件的零电压开通是利用开关电源变压器的漏感储能对功率开关器件两端输出电容的充放电来使器件两端电压下降为零,此时与功率开关器件反并联的二极管导通,在二极管导通期间给功率开关器件施加开通信号,从而实现功率开关器件的零电压开通。

对于目前开关电源功率低的问题,本文提出了一种应用软开关技术,以全桥电路为主电路,相对简单、实用的大功率开关电源的设计方法。

本章小结

本章介绍了软开关技术的基本概念和各种软开关电路的分类,并对四种典型的软开关电路进行了详细的分析。本章的重点为:

(1) 硬开关电路存在开关损耗和开关噪声，随着开关频率的提高这些问题变得更为严重。软开关技术通过在电路中引入谐振改善了开关的开关条件，在很大程度上解决了这两个问题。

(2) 软开关技术总的来说可以分为零电压和零电流两类。按照其出现的先后，可以将其分为准谐振、零开关 PWM 和零转换 PWM 三大类。每一类都包含基本拓扑和众多的派生拓扑。

(3) 零电压开关谐振电路、零电压开关 PWM 电路和零电压转换 PWM 电路分别是三类软开关电路的代表；谐振直流电路是软开关技术在逆变电路中的典型应用。

本章内容结构：

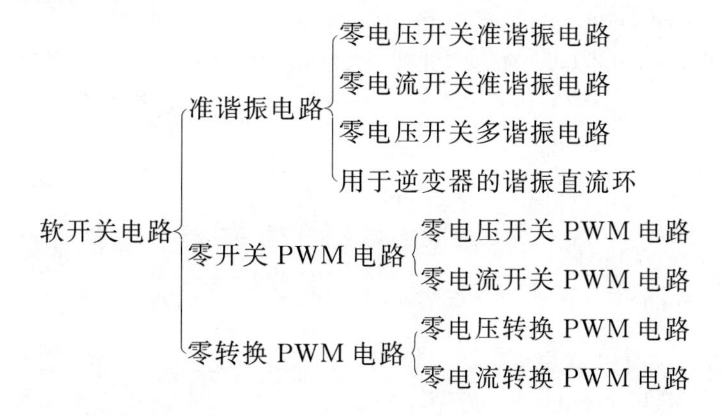

习题

1. 高频化的含义是什么？为什么提高开关频率可以减小滤波器的体积和重量？为什么提高开关频率可以减小变压器的体积和重量？

2. 软开关电路可以分为哪几类？其典型拓扑分别是什么样的？各有什么特点？

参考文献

[1] 王兆安,刘进军.电力电子技术[M].5版.北京：机械工业出版社,2009.

[2] 鲍敏.电力电子技术项目教程[M].北京：清华大学出版社,2015.

[3] 徐德鸿.现代电力电子器件原理与应用技术[M].北京：机械工业出版社,2007.

[4] 马向国,刘同娟,陈军.MATLAB&Multisim电工电子技术仿真应用[M].北京：清华大学出版社,2013.

[5] 王波,楼京京.电力电子技术仿真项目化教程[M].北京：北京理工大学出版社,2012.

[6] 娄志清.电力电子技术[M].北京：中国电力出版社,2009.

[7] 徐立娟,张莹.电力电子技术[M].北京：高等教育出版社,2006.

[8] 刘立平.电力电子技术[M].北京：中国电力出版社,2007.

[9] 唐朝仁.模拟电子技术基础[M].北京：清华大学出版社,2014.

图书资源支持

感谢您一直以来对清华大学出版社图书的支持和爱护。为了配合本书的使用，本书提供配套的资源，有需求的读者请扫描下方的“书圈”微信公众号二维码，在图书专区下载，也可以拨打电话或发送电子邮件咨询。

如果您在使用本书的过程中遇到了什么问题，或者有相关图书出版计划，也请您发邮件告诉我们，以便我们更好地为您服务。

我们的联系方式：

地　　址：北京市海淀区双清路学研大厦 A 座 714

邮　　编：100084

电　　话：010-83470236　010-83470237

资源下载：http://www.tup.com.cn

客服邮箱：tupjsj@vip.163.com

QQ：2301891038（请写明您的单位和姓名）

教学资源・教学样书・新书信息

人工智能科学与技术
人工智能|电子通信|自动控制

资料下载・样书申请

书圈

用微信扫一扫右边的二维码，即可关注清华大学出版社公众号。